空中交通管理系列教材

目视和仪表飞行程序设计

第 3 版

朱代武　何光勤　编

西南交通大学出版社

·成都·

内容简介

本书主要供交通运输学科空中交通管理方向的本科教学使用。

本书由中国民用航空飞行学院教材委员会批准，依据国际民航组织和中国民航的相关规范，以及作者的教学经验编写而成。其内容包括飞行程序的非精密进近、精密进近、雷达进近、基于性能导航程序概述、离场程序、进场程序和机场运行最低标准等。

图书在版编目（CIP）数据

目视和仪表飞行程序设计 / 朱代武，何光勤编. ——3 版. —成都：西南交通大学出版社，2016.8
空中交通管理系列教材
ISBN 978-7-5643-4880-9

Ⅰ. ①目… Ⅱ. ①朱… ②何… Ⅲ. ①目视飞行 – 程序设计 – 教材②仪表飞行 – 程序设计 – 教材 Ⅳ. ①V323

中国版本图书馆 CIP 数据核字（2016）第 184979 号

空中交通管理系列教材

目视和仪表飞行程序设计
　　第 3 版

朱代武　何光勤　编

责 任 编 辑	孟苏成
封 面 设 计	何东琳设计工作室
出 版 发 行	西南交通大学出版社 （四川省成都市二环路北一段 111 号 西南交通大学创新大厦 21 楼）
发 行 部 电 话	028-87600564　028-87600533
邮 政 编 码	610031
网　　　址	http://www.xnjdcbs.com
印　　　刷	成都中铁二局永经堂印务有限责任公司
成 品 尺 寸	185 mm×260 mm
印　　　张	13.75
字　　　数	342 千
版　　　次	2016 年 8 月第 3 版
印　　　次	2016 年 8 月第 7 次
书　　　号	ISBN 978-7-5643-4880-9
定　　　价	39.80 元

课件咨询电话：028-87600533
图书如有印装质量问题　本社负责退换
版权所有　盗版必究　举报电话：028-87600562

总　序

  民航是现代综合交通运输体系的有机组成部分，以其安全、快捷、通达、舒适等独特优势确立了独立的产业地位。同时，民航在国家参与经济全球化、推动老少边穷地区发展、维护国家统一和民族团结、保障国防和经济安全、加强与世界不同文明沟通、催生相关领域科技创新等方面都发挥着难以估量的作用。因此，民航业已成为国家经济社会发展的战略性先导性产业，其发达程度直接体现了国家的综合实力和现代化水平。

  自改革开放以来，我国民航业快速发展，行业规模不断扩大，服务能力逐步提升，安全水平显著提高，为我国改革开放和社会主义现代化建设做出了突出贡献。可以说，我国已经成为名副其实的民航大国。站在新的历史起点上，在2008年的全国民航工作会议上，民航局提出了全面推进建设民航强国的战略构想，拉开了我国由民航大国迈向民航强国的序幕。

  要实现民航大国向民航强国的转变，人才储备是最基本的先决条件。长期以来，我国民航业发展的基本矛盾是供给能力难以满足快速增长的市场需求。而其深层次的原因之一，便是人力资源的短缺，尤其是飞行、空管和机务等专业技术人员结构不合理，缺乏高级技术、管理和安全监管人才。有鉴于此，国务院在《关于促进民航业发展的若干意见》中明确指出，要强化科教和人才支撑，要实施重大人才工程，加大飞行、机务、空管等紧缺专业人才的培养力度。

  正是在这样的大背景下，作为世界上最大的航空训练机构，作为中国民航培养飞行员和空中交通管制员的主力院校，中国民航飞行学院以中国民航可持续发展为己任，勇挑历史重担，结合自身的办学特色，整合优势资源，组织编写了这套"空中交通管理系列教材"，以解当下民航专业人才培养的燃眉之急。在这套教材的规划、组织和编写过程中，教材建设团队全面贯彻落实《国家中长期教育改革和发展规划纲要（2010—2020年)》，以培养适应民航业岗位需要的、具有"工匠精神"的应用型高素质人才为目标，创新人才培养模式，突出民航院校办学特色，坚持"以飞为主，协调发展"的方针，深化"产教融合、校企合作"，强化学生实践能力培养。同时，教材建设团队积极推进课程内容改革，在优化专业课程内容的基础上，加强包括职业道德、民航文化在内的人文素养教育。

由中国民航飞行学院编写的这套教材，高度契合民航局颁布的空中交通管制员执照理论考试大纲及知识点要求，对相应的内容体系进行了完善，从而满足了民航专业人才培养的新要求。可以说，本系列教材的出版恰逢其时，是一场不折不扣的"及时雨"。

由于空中交通管理专业涉及的知识点多，知识更新速度快，因此教材的编写是一项极其艰巨的任务。但令人欣喜的是，中国民航飞行学院的教师们凭借严谨的工作作风、深厚的学术造诣以及坚韧的精神品质，出色地完成了这一任务。尽管这套教材在模式创新方面尚存在瑕疵，但仍不失为当前民航人才培养领域的优秀教材，值得大力推广。我们相信，这套教材的出版必将为我国民航人才的培养做出贡献，为我国民航事业的发展做出贡献！

是为序。

中国民航飞行学院教材
编写委员会
2016 年 7 月 1 日

第 3 版前言

2007 年以来,我国已经成为民用航空运输总周转量全球排名第二的民航大国。新建和扩建机场的不断增多和空中流量的迅速增长,使机场的目视和仪表飞行程序设计显得越来越重要,逐渐成为一项紧迫的任务。飞行程序的优劣,直接影响到飞机在空中运行的安全性和经济性。为此,我们根据国际民航组织 DOC8168—OPS/611《目视和仪表飞行程序设计》和中国民用航空局颁发的《机场运行最低标准的制定与实施规定》,并吸取我国民航在飞行程序设计实践中的一些经验,编写了本教材,供交通运输(空中交通管理)专业使用。该教材由中国民用航空飞行学院教材委员会批准出版,其内容符合本科专业该课程教学大纲的要求。

为了便于学生理解和掌握,本教材在编排上根据教学内容的内在联系,力求由浅入深,突出重点,前后连贯,以起始进近采用直线航线的程序设计为线索,完整地介绍非精密进近程序设计的全过程,着重解决确定 OCA/H 的步骤和方法,使学生对仪表进近程序的设计形成一个比较完整的概念,在此基础上进一步说明反向和直角程序(包括等待程序)的设计,以及确定 ILS 进近 OCA/H 的方法。与原教材相比,内容大大扩展了,不仅包括仪表进近程序的设计和机场最低运行标准的制定,而且还包括起飞离场和进场程序的设计。本教材在文字叙述上也力求通俗连贯,便于自学者阅读。

通过本教材的教学,应使学生重点掌握飞行程序的基本概念,熟悉目视和仪表飞行程序设计的一般准则,初步掌握程序设计的一般原理和基本方法,并能根据程序设计的结果,制定出机场运行的最低标准。

本教材于 1993 年 4 月由中国民用航空飞行学院的朱代武、何光勤同志编写,莫能逊同志进行了指导和校核。随着国内外民航新技术的不断发展,对交通运输(空中交通管理)专业的教学有了新的要求,因此,编写组根据有关规定的修订内容和教学中发现的问题,于 2004 年、2009 年和 2013 年 3 次对教材进行了全面修订,并增加了基于性能的导航进近等新内容。本次修订参照了国际民航组织 DOC8168 文件 2014 年第六版的相关内容,黄晋老师在该文件的翻译中付出了大量工作,我院的任课教师也提出了宝贵的修改意见,在此一并致谢!

由于本教材涉及面较广,数据量较大,限于编者的水平,难免存在不足及疏漏之处,欢迎各位专家和广大读者批评指正。

编　者

2016 年 4 月

目　　录

第一章 概　述

　　飞行程序是机场运行的基本条件之一，是组织实施飞行、提供空中交通服务、建设导航设施的重要依据，是航空器飞行安全和提高运行效率的重要保障。民用机场飞行程序（以下简称飞行程序）是指为航空器在机场区域运行所规定的按顺序进行的一系列机动飞行，如飞行区域、航迹、高度、速度的规定和限制等，一般包括起飞离场程序、进场程序、进近程序、复飞程序和等待程序等。

第一节　飞行程序的概念及分类

　　飞行程序按照领航方式的不同分为目视飞行程序和仪表飞行程序两类。仪表飞行程序包含传统导航和基于性能导航（PBN）的飞行程序。传统导航主要依据 NDB、VOR/DME、ILS和雷达等特定的导航设施提供航迹引导或下滑引导。

一、基于性能的导航（PBN）概念

（一）PBN 的概念

　　基于性能的导航（Performance Based Navigation，PBN）是国际民航组织（ICAO）在整合各国区域导航（RNAV）和所需导航性能（RNP）运行实践及技术标准的基础上，提出的一种新型概念。它将飞机先进的机载设备与卫星导航及其他先进技术结合起来，涵盖了从航路、终端区到进近着陆的所有飞行阶段，提供了更加精确、安全的飞行方法和更加有效的空中交通管理模式。

　　PBN 是指在相应的导航基础设施条件下，航空器在指定的航路、仪表飞行程序或空域内飞行时，对系统精确性、完好性、可用性、连续性以及功能等方面的性能要求。PBN 的引入体现了航行方式从基于传感器导航到基于性能导航的转变。

　　PBN 包含两个基本导航规范：区域导航（Area Navigation，RNAV）和所需导航性能（Required Navigation Performance，RNP）。其中，区域导航（RNAV）是一种导航方式，它可以使航空器在导航信号覆盖范围之内，或在机载导航设备的工作能力范围之内，或二者的组合，沿任意期望的航径飞行。所需导航性能（Required Navigation Performance，RNP）是对在规定空域内运行所需要的导航性能的描述。RNP 的类型根据航空器至少有 95％ 的时间能够达到预计导航性能精度的数

值来确定。所需导航性能(RNP)是具有机载导航性能监视和告警(On—board Performance Monitoring and Alerting，OPMA)能力的 RNAV。也就是说，要求机载性能监视与告警的导航规范被称为 RNP 规范。不要求机载性能监视与告警的导航规范则被称为 RNAV 规范。

（二）PBN 的 3 个要素

基于性能导航（PBN）概念由 3 个相互关联的要素组成：导航规范、导航系统基础设施和导航应用。

导航规范是在已定义的空域概念下对航空器和飞行机组提出的一系列要求，它定义了实施 PBN 所需要的性能及具体功能要求，同时也确定了导航源和设备的选择方式，能够对国家管理当局和运营人提供具体指导。导航规范被各个国家用做合格审定和运行审批的基础。导航规范详尽说明了沿特定航路、程序或在规定空域内运行的区域导航系统的各项要求，这些运行需要根据导航规范获得审批。具体要求包括：① 区域导航系统在精度、完好性、连续性和可用性方面所需具备的性能；② 为达到所需性能，区域导航系统需要具备的功能；③ 整合到区域导航系统中的可用以达到所需性能的导航传感器；④ 为达到区域导航系统上述性能需要具备的飞行机组人员程序和其他程序。

导航系统基础设施是指每个导航规范中提及的星基或陆基导航系统。星基导航设施：GNSS；陆基导航设施：DME、VOR（没有 NDB）。

导航应用是按照空域概念，将导航规范及相关的导航系统基础设施应用于空中交通服务航路、仪表进近程序和/或限定的空域范围。如何将导航规范和导航设备基础设施共同用于导航应用的实例，包括 RNAV 或 RNP 标准仪表离场和标准仪表进场、RNAV 或 RNP 空中交通服务航路，以及 RNP 进近程序。

（三）PBN 的导航规范

国际民航组织《基于性能的导航（PBN）手册》(Doc 9613)详细阐述了 PBN 概念和如何实施 PBN 的有关指导说明，及下述各应用的导航规范：

① RNAV 10：用于支持航路飞行阶段的 RNAV 运行，支持在海洋或偏远区域空域以纵向距离为基础的最低间隔标准。

② RNAV 5：用于支持大陆空域航路阶段飞行的 RNAV 运行。

③ RNAV 1 和 2：用于支持航路阶段飞行、标准仪表离场(SID)、标准仪表进场(STAR)和进近至 FAF/FAP 的 RNAV 运行。

④ RNP 4：用于支持在海洋或偏远区域空域基于纵向距离最低间隔标准的航路阶段飞行的 RNAV 运行。

⑤ RNP 2：用于支持洋区、偏远地区和大陆空域航路阶段飞行的 RNP 运行。

⑥ RNP 1：用于支持 SID,STAR 和进近至 FAF/FAP 的 RNP 运行，没有或有限制的 ATS 监视服务限制，用于低到中等程度的交通量。

⑦ 高级 RNP（ARNP）：用于支持大陆空域的航路，SID,STAR 和进近程序的 RNP 运行。

ARNP 导航要求的导航精度值的要求如下:最后进近 0.3 NM;大陆航路 1 或 2 NM;和 SID、STAR、起始/中间进近和复飞中为 1 NM。可选择性要求则包括洋区/偏远空域的应用,和在所有终端飞行阶段(最后进近除外)允许选择一个在 1.0 NM 和 0.3 NM 之间,以 0.1 NM 为增量的导航精度。

⑧ RNP 0.3:用于支持除最后进近以外,直升机所有飞行阶段的直升机 RNP 运行。

⑨ RNP APCH:用于支持 RNP 进近运行至 LNAV、LNAV/VNAV、LP 和 LPV 的最低标准。

⑩ RNP AR APCH:用于支持 RNP 进近运行,包括有直线和/或固定半径航段组成的最后进近航段,最后进近的导航精度等于或小于 0.30NM,其他进近阶段为 1NM。

(四) PBN 的优势

PBN 在运行中具有如下优点:

• 精确地引导航空器,提高飞行运行安全性;

• 提供垂直引导,实施连续稳定的下降程序,减少可控撞地的风险;

• 改善全天候运行,保障地形复杂机场运行的安全;

• 实现灵活和优化的飞行航径,增加飞机业载,减少飞行时间,节省燃油;

• 避开噪声敏感区,提高环保水平;

• 减小航空器间水平和纵向间隔,增大空域容量;

• 减少地空通信和雷达引导需求,便于指挥,降低管制员和飞行员的工作负荷;

• 减少导航基础设施投资和运行成本,提高运行的整体经济效益。

二、仪表进近程序的分类及定义

机场飞行程序包含起飞离场、进场及等待、进近等飞行阶段,其中,进近阶段是影响飞行安全最重要、也是设计最复杂的阶段。

仪表进近程序(Instrument Approach Procedure,IAP)是根据飞行仪表并对障碍物保持规定的超障余度所进行的一系列预定的机动飞行。这种机动飞行是从起始进近定位点或从规定的进场航路开始,至能完成着陆的一点为止,之后,如果不能完成着陆,则至一个等待或航路超障准则准则适用的位置。

仪表进近程序分类如下:

非精密进近程序(Non—Precision Approach Procedure,NPA):设计仅用于水平导航引导(2D)仪表进近运行类型 A 的仪表进近程序。[注:非精密进近程序的飞行可以使用最后进近连续下降技术(CDFA)。对于有机载设备计算 VNAV 指引咨询的 CDFA 可以被看作 3D 仪表进近运行。]

有垂直引导的进近程序(Approach Procedure with Vertical Guidance,APV):设计用于水平导航和垂直导航引导(3D)仪表进近运行类型 A 的基于性能导航(PBN)仪表进近程序。

精密进近程序(Precision Approach Procedure,PA):设计用于水平导航和垂直导航引导(3D)仪表进近运行类型 A 或 B 的基于 ILS, MLS, GLS 和 SBAS Cat I 导航系统的仪表进近程序。

仪表进近程序分类如图 1-1 所示。

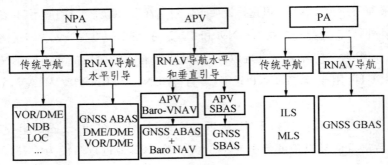

图 1-1 仪表进近程序的分类

第二节 程序构成及基本要求

一、程序结构

(一) 仪表进近程序的航段构成

一个仪表进近程序,不论是精密进近还是非精密进近,通常由以下五个航段所构成,如图 1-2 所示。

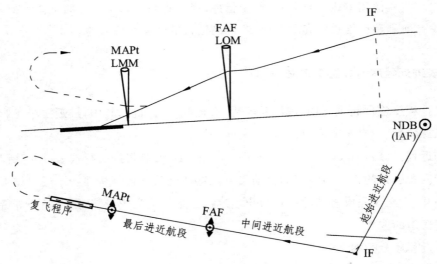

图 1-2 仪表进近航段(直线程序)

· 进场航线。航空器从航线飞行阶段飞至起始进近定位点(IAF)的航段。一般在空中交通流量较大的机场设置这一航段,主要用于理顺航路与机场运行路线之间的关系,提高运行效益,维护空中交通秩序,保证空中交通流畅。

· 起始进近航段。该航段从起始进近定位点(IAF)开始,至中间进近定位点(IF)或最后进近定位点/最后进近点(FAF/FAP)为止。主要用于航空器下降高度,并通过一定的机动飞行完成对准中间或最后进近航段。在仪表进近程序中,起始进近具有很大的机动性,一个仪表进近程序可以建立一个以上的起始进近,但其数量应按空中交通流向或其他航行要求加以限制。当中间进近定位点同时也是个航路点时,就没有必要规定起始进近航段,仪表进近程序就从中间进近定位点开始,并使用中间航段的准则。

· 中间进近航段。从 IF 至 FAF/FAP 之间的航段。它是起始进近与最后进近的过渡航段,主要用于调整飞机外形、速度和位置,并下降少量高度,完成对准最后进近航迹,进入最后进近。

· 最后进近航段。最后进近航段是完成对准着陆航迹和下降着陆的航段,其仪表飞行部分是从 FAF(ILS 进近从 FAP 开始)至复飞点(MAPt)为止;其目视飞行部分可以向跑道做直线进入着陆,或向机场做目视盘旋进近。

· 复飞航段。从复飞点(MAPt)开始,到航空器爬升到可以做另一次进近,或回到指定的等待航线,或重新开始航线飞行的高度为止。当判明不能确保航空器安全着陆时,进行复飞是保证安全的必要手段,因此,每一个仪表进近程序都应规定一个复飞程序。

(二)起始进近航段采用的基本模式

根据起始进近所采用的航线,仪表进近程序在结构上有如图 1-3 所示的 4 种基本模式:

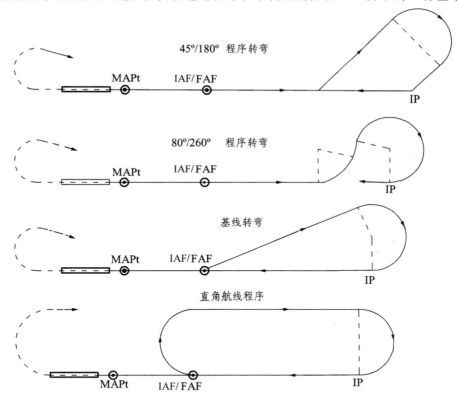

图 1-3　仪表进近程序的反向航线和直角航线模式

· 直线航线程序。起始进近采用直线航线(NDB 方位线、VOR 径向线)或 DME 弧的进近程序。这种程序经济、简便。

· 反向航线程序。起始进近采用反向航线的进近程序。航空器通过基线转弯、45°/180°或 80°/260°程序转弯,从与着陆方向相反的方向转至着陆方向上,以便进入中间或最后进近航段。反向程序是仪表进近程序的重要模式。

• 直角航线程序。起始进近采用直角航线的进近程序。进场高度过高时,用于降低高度,或不便于采用反向程序时使用的一种程序。复飞等待或再次进近时,也使用直角航线程序。

• 推测航迹程序。在起始进近切入中间进近航段之前,采用一段推测航迹的进近程序。这种程序节省时间和空域,实施简便,特别有利于空中交通管制员通过雷达引导对航空器实施合理的调配,增大空中交通流量,因此很适合于流量较大的机场。

二、程序设计的基本原则和要求

所有民用航空器使用的可供仪表飞行的机场,都必须设计仪表飞行程序,制定机场运行的最低标准。建立机场仪表飞行程序的目的,是保证航空器在机场区域内按规定程序安全而有秩序地飞行,以避免在起飞离场和进近着陆的过程中,航空器与地面障碍物、航空器与航空器之间相撞。

确保飞行安全,提高经济效益,便于指挥、调配和飞行操纵,是建立每一个仪表飞行程序所必须达到的要求。

安全、经济、简便的原则,是机场仪表飞行程序设计所应遵循的基本原则。其中,安全是前提。为了确保飞行安全,仪表飞行程序设计必须以国际民航组织 8168 号文件,即《目视和仪表飞行程序的设计》为依据。8168 号文件是国际民航组织安全超障专家组经过十多年的工作,在大量试飞、数字模拟试验和碰撞模拟试验的基础上制定出来的关于飞行程序设计的规范,它所确定的安全指标为飞机与障碍物碰撞的概率不大于 1×10^{-7},即千万分之一。参加国际民航组织的国家和地区,都必须以此文件为依据设计仪表飞行程序。近年来,我国按照国际民航组织的标准,在原有机场的飞行程序改革和新机场的飞行程序设计方面,均取得了显著的成就。今后,对飞行程序的设计,仍然必须严格按照 8168 号文件的各项规定,结合各个机场的具体情况,进行精心设计,并按照民用航空局颁发的《机场运行最低标准的制定与实施规定》来确定机场的最低运行标准。

设计仪表飞行程序,还必须在确保安全的前提下,达到经济和简便的要求。这主要取决于机场的导航设施及其布局,以及采用的飞行程序模式。我国原有的许多机场,其导航设施比较落后,布局也很不合理,已经不适应民航大型机建立安全、经济、简便的飞行程序的需要。因此,对于一些主要机场,应在可能的条件下,设置仪表着陆系统,合理调整导航台的布局,以便建立精密进近程序,达到降低机场最低标准的目的,提高飞行安全和航班正常率,从而提高经济效益。对于新建机场,程序设计必须与机场选址同时进行。从选址定点开始,飞行程序设计人员就必须参加,设想最佳飞行程序方案,根据程序需要设置和合理布局导航设施,使新机场所建立的飞行程序达到安全、经济、简便的目的。在飞行程序的选择上,直线航线程序最为简便、经济、顺畅,U 形程序次之。空中交通比较繁忙的机场,在地形允许的情况下,只要顺应空中流向,都应采用直线程序与 U 形程序相结合的模式。设备简单,空中交通量较小的中、小机场,一般采用反向或直角航线程序(有条件的当然也可以建立直线程序)。

为了便于具有简单导航设备的飞机也能使用整个飞行程序,设计时,各航段应尽可能以单一的导航设施为基础。

飞行程序的安全可靠性建立在机场资料的完备和可靠的基础上。因此,程序设计人员必须充分收集有关资料,参加实地勘察,必要时请测绘部门对某些障碍物进行测量,以取得准确可靠的数据。机场和有关的文件资料,也是飞行程序设计的基本依据。

完成仪表飞行程序设计后,应按照《机场仪表飞行程序设计编写大纲》的要求,编写《仪表飞行程序设计报告》,上报民用航空局审核批准。

飞行程序设计是一项综合性比较强、技术要求比较高的严密细致的工作,要求设计者不仅具有高度的责任心、科学的态度和严谨的作风,而且应具备较高的基础理论知识,熟悉程序设计规范,懂得飞机性能和导航设施的技术性能以及制图等其他有关知识。因此,每个程序设计人员都应努力学习和实践,不断提高自己的素质,以适应工作的需要。

三、采用的坐标系

在程序设计中,为了说明障碍物与跑道之间的位置关系,主要采用极坐标系和直角坐标系。

极坐标系以跑道中心为原点,磁经线为起始边,用磁方位(MB)、距离(D)和障碍物标高(H)或障碍物高(障碍物离机场标高的高度 h)来表示,如图 1-4 所示。

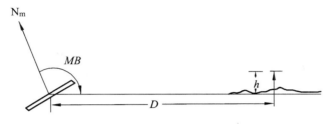

图 1-4　极坐标系

直角坐标系以跑道入口的中点为原点;x 轴与跑道中线延长线一致,跑道入口前 x 值为正值,入口之后为负值;y 轴过原点与 x 轴相垂直,在进近航迹的右侧,y 值为正值,左侧为负值;z 轴为过原点的竖轴,以入口标高为零,高于入口平面时 z 值为正值,如图 1-5 所示。

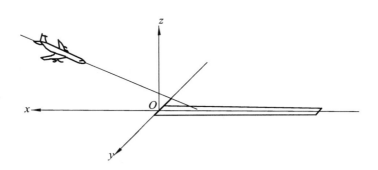

图 1-5　直角坐标系

测量部门提供的障碍物位置,通常以极坐标表示,而在程序设计中,为便于计算,常用直角坐标表示,如图 1-6 所示。极坐标可以通过下列公式换算为直角坐标:

$$x = -D\cos\alpha - \frac{L}{2}, \qquad y = D\sin\alpha$$

式中,$\alpha = MB - MH$;D 为跑道中心至障碍物的距离;MH 为着陆跑道的磁方向;L 为跑道长度。

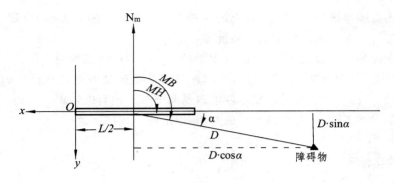

图 1-6 极坐标与直角坐标的换算

例 1 $MH=90°,L=3\,000$ m$,MB=120°,D=5\,000$ m。求直角坐标 x、y 之值。

解 因 $\alpha=120°-90°$,则

$$x=-5\,000\times\cos 30°-\frac{3\,000}{2}=-5\,830 \quad (\text{m})$$

$$y=5\,000\times\sin 30°=2\,500 \quad (\text{m})$$

第三节 程序设计的基本参数

本节介绍程序设计所使用的速度、转弯坡度或转弯率、导航设施的精度及定位点容差等基本资料和参数,以便设计时应用。

一、程序设计所使用的速度

(一)航空器的分类

在仪表进近的过程中,往往要做一些机动飞行,如等待、基线转弯或程序转弯、复飞转弯以及目视盘旋等。飞行性能上的差别,将直接影响实施机动飞行所必需的空域和能见度,而性能上最重要的因素是速度。因此,在程序设计中,国际民航组织规定,各型航空器按其跑道入口速度(V_{at})分为下述 5 类:

- A 类 $V_{at}<91$ kn(169 km/h),如 YN-5、TB-20、TB-200 等。
- B 类 91 kn$\leqslant V_{at}\leqslant 120$ kn(223 km/h),如 SH-360、YN-7、AN-30、BAe-146 等。
- C 类 121 kn$\leqslant V_{at}\leqslant 140$ kn(260 km/h),如 AN-12、B737、B747-SP、MD-82、B-757、A-320 等。
- D 类 141 kn$\leqslant V_{at}\leqslant 165$ kn(306 km/h),如 B747-400、Ty-154、A-340、MD-11 等。
- E 类 166 kn$\leqslant V_{at}\leqslant 210$ kn(390 km/h)。

航空器分类的标准为航空器在跑道入口的指示空速(V_{at}),它等于失速速度 V_{so} 的 1.3 倍,或在最大允许的着陆重量和着陆外形条件下失速速度 V_{slg} 的 1.23 倍。如果 V_{so} 和 V_{slg} 的数值都能得到,则 V_{at} 应选其中较大的值。

用失速速度确定航空器类别的方法不适用于直升机。当直升机像固定翼飞机一样运行时,程序可以被划分为 A 类。

（二）各航段所用的速度范围

进行仪表进近程序设计时，国际民航组织规定各类航空器在各航段所使用的速度范围如表 1-1 所示。表列速度为指示空速（IAS），当用于程序设计时必须换算为真空速（TAS）。

表 1-1　程序计算所用的速度

飞机分类	起　始　进　近		最后进近速度范围 km/h (kn)	目视盘旋最大速度 km/h (kn)	复飞最大速度 km/h (kn)	
	直线速度范围 km/h (kn)	反向和直角最大速度 km/h (kn)			中间	最后
A	165～280 (90～150)	205 (110)	130～185 (70～100)	185 (100)	185 (100)	205 (110)
B	220～335 (120～180)	260 (140)	155～244 (85～130)	250 (135)	240 (130)	280 (150)
C	295～445 (160～240)	445 (240)	215～295 (115～160)	335 (180)	295 (160)	445 (240)
D	345～465 (185～250)	465 (250)	240～345 (130～185)	380 (205)	345 (185)	490 (265)
E	345～465 (185～250)	465 (250)	285～425 (155～230)	445 (240)	425 (230)	510 (275)

某些机场如果由于空域的限制，不能满足某一具体的航空器分类（如 D 类）的要求时，可按照较低速度分类（如 C 类）的航空器来设计程序，并限制较高速度分类（如 D、E 类）的航空器使用；或者根本不考虑航空器的分类，而是对特定的航段规定一个最大指示空速作为限制。

（三）指示空速换算为真空速的方法

飞机相对于空气运动的速度称为空速。飞行中，空速通过空速表来测定。空速表所测量出来的空速，经过仪表误差和空气动力误差的修正后，就是指示空速（IAS）。指示空速再修正空气压缩性修正量误差和空气密度误差，就得到真空速（TAS）。进行程序设计的有关计算，必须使用真空速。

如果不考虑空气压缩性修正量误差，指示空速与真空速之间存在如下关系：

$$TAS = IAS\left(\frac{273+t_H}{288}\right)^{0.5} \Big/ \left(\frac{288-0.006\ 496H}{288}\right)^{2.628}$$

将等式右边的分母提出来即得：

$$TAS = 171\ 232.9\ \frac{(273+t_H)^{0.5}}{(288-0.006\ 496H)^{2.628}} IAS$$

式中，高度（H）单位为米（m），空中温度（t_H）单位为摄氏度（℃）。令 $K = 171\ 232.9(273+t_H)^{0.5}/(288-0.006\ 496H)^{2.628}$，则：

$$TAS = K \cdot IAS$$

式中，K 称为换算因数，根据飞行高度及其温度（可从换算因数表中查出），再乘以指示空速，即可求得真空速。换算因数表如表 1-2 所示。

表 1-2　空速换算因数表（$TAS = IAS \times K$）

K　　t_H(°C)　　　　H(m)	$ISA^* -30$	$ISA-20$	$ISA-10$	ISA	$ISA+10$	$ISA+15$	$ISA+20$	$ISA+30$
0	0.946 5	0.964 7	0.982 5	1.000 0	1.017 2	1.025 7	1.034 1	1.050 8
500.0	0.969 0	0.987 8	1.006 3	1.024 4	1.042 3	1.051 1	1.059 8	1.077 0
1 000.0	0.992 2	1.011 8	1.030 9	1.049 7	1.062 8	1.077 4	1.086 4	1.104 3
1 500.0	1.016 3	1.036 6	1.056 5	1.076 0	1.095 2	1.104 6	1.114 0	1.132 5
2 000.0	1.041 3	1.062 3	1.083 0	1.103 2	1.123 1	1.132 9	1.142 6	1.161 8
2 500.0	1.067 2	1.089 0	1.110 5	1.131 5	1.152 1	1.162 3	1.172 4	1.192 3
3 000.0	1.094 0	1.116 7	1.139 0	1.160 8	1.182 2	1.192 8	1.203 2	1.223 9
3 500.0	1.211 9	1.145 5	1.168 6	1.191 2	1.213 5	1.224 5	1.235 3	1.256 8
4 000.0	1.150 7	1.175 3	1.199 3	1.222 9	1.246 0	1.257 4	1.268 7	1.291 0
4 500.0	1.180 7	1.206 3	1.231 3	1.255 8	1.279 8	1.291 7	1.303 4	1.326 6
5 000.0	1.211 9	1.238 5	1.264 5	1.290 0	1.315 0	1.327 3	1.339 5	1.363 6
5 500.0	1.244 5	1.272 0	1.299 1	1.325 2	1.351 6	1.364 5	1.377 1	1.402 2
6 000.0	1.277 9	1.306 8	1.335 0	1.362 7	1.389 7	1.403 1	1.416 3	1.442 4
6 500.0	1.313 0	1.343 0	1.372 5	1.401 3	1.429 5	1.443 4	1.457 2	1.484 3
7 000.0	1.349 4	1.380 8	1.411 5	1.441 5	1.470 9	1.485 4	1.499 8	1.528 1
7 500.0	1.387 3	1.420 1	1.452 1	1.483 5	1.514 1	1.529 2	1.544 2	1.573 7

＊　ISA：国际标准大气。

例如，已知 $IAS = 400$ km/h，$H = 4\ 500$ m，$t_H = ISA + 20$°C，则：

$$TAS = 1.303\ 4 \times 400 = 521 \text{ km/h}$$

如果给定的高度或空中温度在表 1-2 中没有列出，可用内插法先求出相应的 K 值，然后再计算出真空速。

例 2　已知：$IAS = 350$ km/h，$H = 3\ 600$ m，$t_H = ISA + 15$°C。求 K 值和空速 TAS。

解
$$K = 1.224\ 5 + \frac{1.257\ 4 - 1.224\ 5}{5} = 1.231\ 1$$

$$TAS = 350 \times 1.231\ 1 = 431 \quad (\text{km/h})$$

上述计算也可以用领航计算尺进行，相当简便，只是计算结果精度差些，但在实际应用中也可以使用。

表 1-2 中的 K 值，由于没有考虑空气压缩性修正量误差，如果指示空速过大或高度过高，就不准确，因此，进行换算时，指示空速应限制在表 1-1 中所列的范围。当指示空速大于表1-1的最大值时，可用下式计算：

$$TAS = 28.35\sqrt{T} \cdot \sqrt{\left[1 + 0.000\ 675\ 15\,\frac{IAS^2}{P}\left(1 + \frac{IAS^2}{6003025}\right)\right]^{0.5} - 2}$$

式中，T 为绝对温度（$273 + t_H$）；P 为气压（单位为百帕即 hPa）；IAS 单位为 km/h；TAS 单位为 m/s。

二、转弯参数

转弯参数包括转弯真空速(以 v 表示)、转弯坡度(以 α 表示)或转弯率(以 R 表示)、转弯半径(以 r 表示)、转过 θ 角的时间(t_θ)等。飞机转弯时的速度和坡度,决定了转弯半径和转弯率,转弯半径和转弯率的大小,直接影响到机动飞行所占的空间和时间。为了保证飞机在仪表进近的机动飞行中具有足够的安全保护区,程序设计时,除了根据飞机类型来规定各航段的速度范围外,还规定了转弯的坡度或转弯率。

(一) 转弯坡度与转弯率

飞机转弯时的倾斜角度,即飞机横轴与地平线或飞机竖轴与地垂线之间的夹角,称为转弯坡度(α);单位时间内所转过的角度称为转弯率(R),以度/秒(°/s)为单位。转弯率与转弯坡度之间存在如下关系:

$$R = \frac{6\ 355 \tan\alpha}{\pi \cdot v} \quad (\text{其中},v\text{ 的单位为 km/h})$$

$$R = \frac{3\ 431 \tan\alpha}{\pi \cdot v} \quad (\text{其中},v\text{ 的单位为 kn})$$

式中,$\pi = 3.141\ 6$。上式表明,如果转弯速度一定,则转弯坡度越大,转弯率就越大;如果转弯坡度一定,则转弯速度越大,转弯率就越小。不同速度和坡度所对应的转弯率,可通过上式计算或通过预先绘制的图表中查出。

程序设计时,规定等待和起始进近使用的坡度平均为 25°,目视盘旋为 20°,复飞转弯为 15°。使用上述转弯坡度时,相应的转弯率不得超过 3°/s,如果超过 3°/s,则应采用 3°/s 转弯率所对应的转弯坡度。根据计算,当转弯坡度为 25°、真空速为 315 km/h(170 kn)时,转弯率恰好等于 3°/s;如果真空速小于 315 km/h,25° 坡度所对应的转弯率将大于 3°/s。因此,在实际应用中,当 $v > 315$ km/h(170 kn)时,采用平均坡度 25°;当 $v \leqslant 315$ km/h(170 kn)时,则用 3°/s 转弯率的坡度。

(二) 转弯半径和转弯时间的计算

1. 转弯半径

计算转弯半径时,当计算的 R 超过 3°/s,则在以后的计算中用 3°/s 代替。转弯半径为:

$$r = \frac{v}{20\pi R}$$

式中,当 v 单位为 km/h,则 r 单位为 km;当 v 单位为 kn,则 r 单位为 n mile。

2. 转过 θ 角的时间

转过 θ 角的时间为:

$$t_\theta = \frac{\theta}{R}$$

式中,t_θ 单位为 s,R 单位为 °/s,θ 单位为 (°)。

例如,某机场起始进近的高度为 1 500 m,温度为 ISA+15℃,则各型飞机的 TAS、R、r 和 $T_{360°}$ 如表 1-3 所示。

表 1-3 举例的数据

航空器类型	A	B	C	D
指示空速(km/h)	205	260	445	465
真空速(km/h)或(m/s)	226(62.8)	287(79.7)	492(137)	514(143)
转弯率[(°)/s]	4.17(3)	3.29(3)	1.92	1.84
半径 r(km)	1.2	1.523	4.09	4.455
$T_{360°}$(s)	120	120	188	196

上述计算也可以用领航计算尺进行,虽精度差些,但很简便。为了减少许多繁杂的计算,常常根据公式预先计算并绘制成曲线,如图 1-7 所示,以便在程序设计时查用。

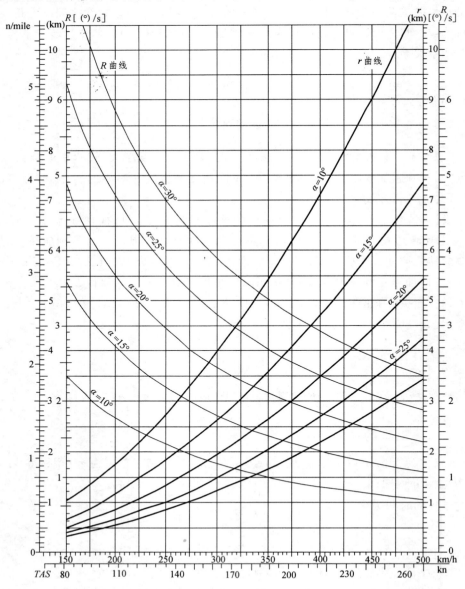

图 1-7 不同 v、α 时的 R、r

三、航站区定位点及其容差

程序设计时,必须确定和检查各定位点的定位容差,以确保其不超过国际民航组织所规定的最低容差标准。

由于所有导航设备和航路点都有精度限制,所以由其确定的地理位置并不完全准确,可能在标称点周围区域内的任何位置。标称点可以通过以下定位方法确定:

① 交叉点:VOR/DME 台的径向线与距离弧构成的交叉定位点,以及由不同导航设备的两条径向线或方位线构成的交叉定位点。

② 飞越导航台:飞越 NDB、VOR、MB。

③ RNAV 航路点:包括飞越(Flyover)航路点和旁切(Fly-by)航路点。

④ 其他类型的导航设备:雷达设施等。

终端区定位点包括,但不限于:起始进近定位点(IAF)、中间进近定位点(IF)、最后进近定位点(FAF)、梯级下降定位点(SDF)、等待定位点(HF),以及必要时,用于标记复飞点(MAPt)或转弯点(TP)的定位点。终端区定位点应该基于相似的导航系统。混合型(如 VHF/LF)定位点的使用应该限制在没有其他满意的可替代交叉定位时。

（一）导航系统的精确度

由于所有导航设施都有精度限制,因而确定的位置并不精确,实际的位置可能在标称定位点(图上标出的位置)周围的一个区域内,这个区域称为定位容差区。容差区沿标称航迹的长度称为定位点纵向容差,从进入容差区最早点到标称定位点之间的长度为正容差;从标称定位点到飞出容差区最晚点之间的长度为负容差,如图 1-8 所示。定位点的容差将主要取决于导航系统的精度及定位方式。

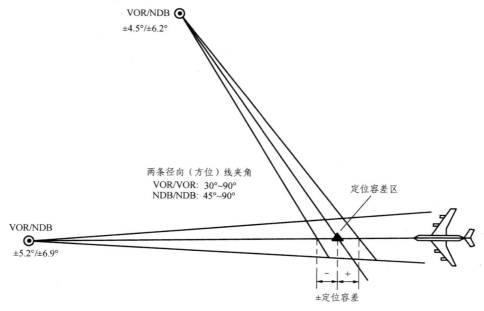

图 1-8　定位点容差区及正、负容差

导航系统的精度取决于地面电台的容差、机载接收系统的容差、监控系统的容差及飞行技术容差等因素,它等于这些容差因素的平方和根。在设计仪表进近程序时,各测角系统的精度一般使用表 1-4 所列的数值。

表 1-4　用于程序设计的测角系统的精度

导航系统	容　差　因　素				精　度
	地面系统	机载设备	监控设备	飞行技术容差	
NDB	±3.0°	±5.4°		±3.0°	±6.9°
VOR	±3.5°	±2.7°	±1.0°	±2.5°	±5.2°
LLZ	±1.0°	±1.0°		±2.0°	±2.4°

提供定位用的侧方台,不考虑飞行技术容差这一因素,因而 NDB 的精度为±6.2°,VOR 的精度为±4.5°,LLZ 的精度为±1.4°。但当用于确定梯级下降定位点时,如果当时的超障余度小于 300 m,则应考虑使用的精度是:NDB 为±10.3°,VOR 为±7.8°。在进近程序和复飞程序的各个航段用 NDB 或 VOR 的容差确定保护区的扩张角时,也使用±10.3°或±7.8°。

测距仪(DME)的精度采用±(0.25 n mile＋至天线距离的 1.25%)。

航站区域雷达(TAR)和航路监视雷达(RSR)的精度等于雷达视频图像容差、雷达方位容差、飞行技术容差(考虑通信延迟和飞行速度)、管制员技术容差(考虑天线扫描速度和飞行速度)的平方和根,如表 1-5 所示,分别为±1.6 km 和±3.2 km。

表 1-5　航站雷达和航路监视雷达的精度

雷达设备	容　差　因　数　(km)				系统精确度 (km)
	图像精度	方位精度	飞行技术容差	管制技术容差	
航站区域雷达 (37 km/20 n mile 以内)	1.104	0.736	0.70	0.552	±1.6
航路监视雷达 (74 km/40 n mile 以内)	2.208	1.472	1.40	1.104	±3.2

(二) 定位点的容差

1. 交叉定位点的容差

交叉定位就是飞行中通过测定的两条无线电位置线相交来确定飞机位置。交叉定位点应尽可能使用相同的导航系统(如 NDB、VOR、VOR/DME)来确定,只有在没有这种可能时,才用混合定位,如 NDB 方位线与 VOR 径向线交叉定位。

使用两个 NDB 台的方位线交叉定位时,前(后)方台(提供航迹引导)的精度为±6.9°,侧方台(提供定位信息)的精度为±6.2°。为了提高定位的精度,两条方位线的交角应在 45°~90°之间,最好是 90°。

使用 VOR 径向线交叉定位时,提供航迹引导和定位信息的 VOR 台的精度分别为±5.2°和±4.5°,两条径向线的交角应在 30°~90°之间,最好是 90°。

使用 VOR 径向线或 NDB 方位线与 DME 弧交叉定位时,最好使用安装在同一位置的 VOR/DME 系统。VOR 台或 NDB 台与 DME 台如果不在一处,则径向线(方位线)与过定位点的 DME 弧半径之间的夹角不应大于 23°,如图 1-9 所示。各系统使用的精度已如前述。

2. 飞越电台上空的定位容差

如图 1-10 所示,飞越 NDB 和 VOR 台上空的定位容差区由下列因素确定:

① 圆锥效应区。圆锥效应区也称盲区,是一个以电台为顶点的倒圆锥,其半径(Z)根据飞越电台的真高(h)和半圆锥角(α)确定,即:

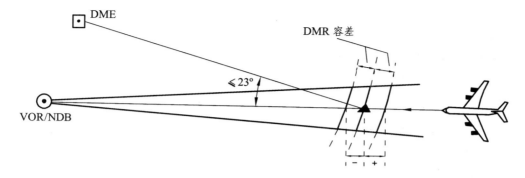

图 1-9 VOR/DME 或 NDB/DME 定位点容差

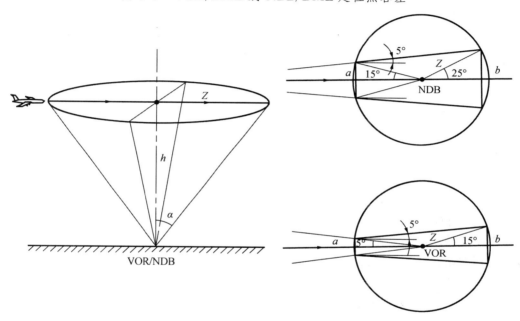

图 1-10 飞越 NDB 或 VOR 上空的定位容差

$$Z = h \cdot \tan \alpha$$

式中，NDB 台的 α 为 $40°$，VOR 台的 α 为 $50°$。

② 进入圆锥效应区的位置。进入位置以标称航迹为基准，NDB 台假定在圆锥效应区 $\pm 15°$ 的扇区内，VOR 台假定在圆锥效应区 $\pm 5°$ 的扇区内。该点偏离标称航迹的最大距离(a)为：

$$\text{NDB 台} \quad a = Z_N \cdot \sin 15° = 0.258\,8 Z_N$$
$$\text{VOR 台} \quad a = Z_V \cdot \sin 5° = 0.087\,2 Z_V$$

③ 飞越圆锥效应区的航迹误差。假定该误差在 $\pm 5°$ 以内，飞离圆锥效应区时偏离标称航迹的最大距离(b)为：

$$\text{NDB} \quad b = Z_N \cdot \sin 25° = 0.422\,6 Z_N$$
$$\text{VOR} \quad b = Z_V \cdot \sin 15° = 0.258\,8 Z_V$$

例如，假设飞越 NDB 台的真高为 $h = 900$ m，则：

圆锥效应区半径 $\quad Z = 900 \times \tan 40° = 755$ m

容差区起始宽　　　$a=\pm755\times\sin15°=\pm195\ m$

容差区末端宽　　　$b=\pm755\times\sin25°=\pm319m$

飞越用于仪表进近程序的 ILS 指点标和"Z"指点标的容差由图 1-11 确定,该图的依据是:使用现代飞机天线系统,接收机灵敏度应调在 1 000 μV,在电台上空高达到 1 800 m(即5 905 ft)。

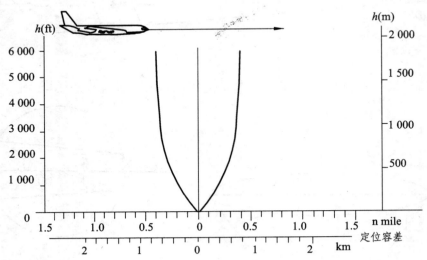

图 1-11　ILS 指点标(短轴)或"Z"指点标的覆盖

3. 雷达定位的容差

一般不应采用雷达作为主要的定位方法,但当空中交通管制部门能够提供此项服务时,可按规定使用航站区域监视雷达(TAR)和航路监视雷达(RSR)定位,其精度分别为±1.6 km 和 3.2 km,已如前述。

(三)定位点的最低容差标准

在程序设计中,用上述方法确定的定位点,其定位容差不得超过以下规定的标准。

1. 起始或中间进近定位点

符合要求的起始或中间进近定位点,其纵向容差不得大于±3.7 km(±2.0 n mile)。如果最后进近定位点是一个电台(NDB 或 VOR 台)或 VOR/DME 交叉定位点,则起始或中间进近定位点的容差可以稍为大一些,但不得大于相应的起始进近航段或中间进近航段长度的25%,如图 1-12 所示。

2. 非精密进近的最后进近定位点

非精密进近的最后进近定位点距跑道入口不得大于 19 km(10 n mile),其定位容差不得大于±1.9 km(±1.0 n mile),如图 1-13 所示。ILS 进近在下滑道不工作时,以外指点标(OM)为最后进近定位点的定位容差不得大于±1.0 km(±0.5 n mile)。

3. 复飞点

复飞定位点用于非精密进近程序,当该点位于 NDB、VOR 或指点标上空时,其定位容差可忽略不计,如果是交叉定位点,其容差根据定位的实际条件确定(详见第二章)。

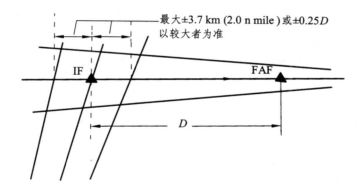

图 1-12　IAF 和 IF 的定位容差标准（FAF 是电台或 VOR/DME 定位）

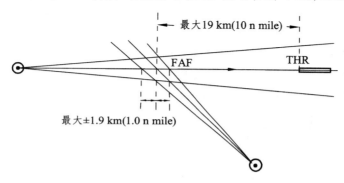

图 1-13　非精密进近 FAF 的最低容差标准

（四）PBN 程序中的航路点及容差

航路点（Waypoint）用于确定一条区域导航航线或确定使用区域导航的航空器飞行航径而规定的地理位置。在 PBN 飞行程序中，所有的定位点均定义为航路点。

1. 航路点类型

在 PBN 飞行程序中，航路点有飞越航路点（Flyover）和旁切航路点（Fly-by）两种类型，两种类型的航路点如图 1-14 所示。

图 1-14　飞越航路点（Flyover）和旁切航路点（Fly-by）

飞越航路点（Flyover waypoint）：为加入下一段航路或程序而飞越该点开始转弯的航路点；旁切航路点（Fly-by waypoint）：要求在到达该点以前转弯使飞机切入下一段航路或程序的航路点。

在 PBN 飞行程序设计中，除了少数几个航路点（如复飞点、等待点等）采用飞越航路点外，其他的航路点（如 IAF、IF、FAF 等）采用旁切航路点。

2. 航路点名称

PBN 程序中使用的定位点是一般准则中规定的那些定位点，只不过每个定位点必须公布为航路点(纬度和经度公布至最接近的 1/10 秒)。航路点除使用国际民航组织五字代码命名外,可以使用"字母-数字"的方法来命名,即"AAXXX",其中 AA 为机场国际民航组织四字代码的后两位;X 为 0~9 的数字。如果航路点与导航台重合,则应使用该导航台的识别号;如果航路点与跑道入口重合,则应使用"RWNNA"或"RWNN",NN 为跑道号,A 为"L""R""C"。

3. 总系统误差(TSE)

总系统误差(TSE)是指飞机实际位置相对于期望位置的偏差。总系统误差(TSE)取决于导航系统误差(NSE)、航径定义误差(PDE)、飞行技术误差(FTE)等因素,等于这些误差因素的平方和开根。总系统误差(TSE)与导航系统误差(NSE)、航径定义误差(PDE)及飞行技术误差(FTE)的关系如图 1-15 所示。

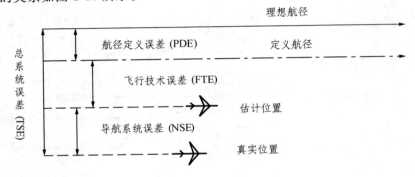

图 1-15　总系统误差(TSE)

导航系统误差(NSE):真实位置与估计位置之间的差值,也称之为位置估计误差(PEE)。导航系统误差(NSE)由导航系统性能决定,在 PBN 程序中卫星导航系统(GNSS)的导航系统误差(NSE)是一个常量,为 0.08NM,而 VOR/DME 或 DME/DME 的导航系统误差(NSE)却是一个变量。VOR/DME 或 DME/DME 的导航系统误差(NSE)的计算见后面相关的章节。

飞行技术误差(FTE):控制飞机的精度,根据飞机指示位置与期望位置之间的差异来确定。飞行技术误差(FTE)不包括操作失误所引起的误差。飞行技术误差(FTE)见表 1-6 所示。

表 1-6　飞行技术误差(FTE)

飞行阶段	导航规范	飞行技术误差(FTE)
航路(距离机场基准点(ARP)(目的地或起飞机场)超过 56 km(30 NM))	RNAV 5	4.6 km (2.5 NM)
	RNP 4	3.7 km (2.0 NM)
	RNAV 2	1.9 km (1.0 NM)
	RNAV 1	926 m (0.5 NM)
	Basic－RNP 1	926 m (0.5 NM)
终端区[离场、进场、在 ARP56 km (30 NM)内的起始和中间进近]	RNAV 2	1.9 km (1.0 NM)
	RNAV 1	926 m (0.5 NM)
	Basic－RNP 1	926 m (0.5 NM)
	RNP PACH	926 m (0.5 NM)
最后进近	RNP PACH	463 m (0.25 NM)
复飞	RNP PACH	926 m (0.5 NM)

航径定义误差(PDE):定义航径与要求航径之间的差别,为 0.25NM 的一个常量。一般

情况下,PDE 可忽略不计。

4. 航路点容差区

（1）航路点容差区的 ATT 和 XTT

航路点容差与定位点容差一样,按照 2SD(标准差)确定,表示飞机假定在定位点位置和可接受的概率(95%)。在 PBN 飞行程序中无论是采用 RNAV 规范还是采用 RNP 规范,所有的航路点容差区均由沿航迹容差(ATT)和偏航容差(XTT)两部分组成,如图 1—16 所示。其中:沿航迹容差(Along—track Tolerance,ATT)指由机载和地面设备容差产生的沿标称航迹的定位容差;偏航容差(Cross—track Tolerance,XTT)是由机载和地面设备的容差和飞行技术容差(FTT)产生的垂直于标称航迹的定位容差。

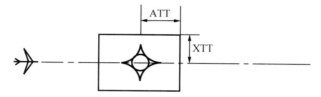

图 1-16　航路点容差示意图

（2）基本 RNAV(GNSS)程序航路点的容差

在 RNAV 导航规范中,当 RNAV 导航规范规定的飞行技术误差(FTE)值大于 GNSS 接收器的完整性监视告警限制(IMAL)时,系统总误差(TSE)等于导航系统误差(NSE)、飞行技术误差(FTE)和计算误差(ST)的平方和开根,其中,导航系统误差(NSE)为 0.08 NM 的一个常量,计算误差(ST)为 0.25 NM 的一个常量,此时 XTT 等于 TSE。

在 RNAV 导航规范中,当 RNAV 导航规范规定的飞行技术误差(FTE)值小于等于 GNSS 接收器的完整性监控告警限制(IMAL)时,XTT 等于 IMAL 值。

不同飞行阶段、导航规范的飞行技术误差(FTE)、完整性监视告警限制(IMAL)及偏航容差(XTT)值见表 1-7。

表 1-7　不同飞行阶段、导航规范的飞行技术误差(FTE)、完整性监视告警限制(IMAL)及偏航容差(XTT)值

飞行阶段	导航规范	FTE(NM)	IMAL(NM)	XTT
航路和终端(距机场 ARP 大于 56 km(30 NM))	RNAV5	2.5	2	4.65 km(2.51 NM)
航路和终端(距机场 ARP 大于 56 km(30 NM))	RNAV2 、RNAV1	1	2	3 704 m(2.00 NM)
终端(距机场 ARP 小于 56 km(30 NM))到 IAF	RNAV2 、RNAV1	1	1	1 852 m(1.00 NM)
离场程序(距机场 ARP 小于 28 km(15 NM))	RNAV2 、RNAV1	0.5	1	1 852 m(1.00 NM)

沿航迹容差(ATT)等于 XTT 的 0.8 倍,即:ATT=0.8×XTT。此外,在 RNAV 等待程

序中,等待点的偏航容差(XTT)和沿航迹容差(ATT)为航路飞行阶段的相应值。如果等待点距机场基准点(ARP)的距离小于 56 km(30 NM)时,采用标准进场航线(STAR)的相应值。

（3）RNP 程序中航路点的容差区

在 RNP 导航规范中,总系统误差(TSE)由位置估计误差(空间信号误差及机载接收系统误差)、航径定义误差、显示误差及飞行技术误差决定。RNP 导航规范定义的总系统误差(TSE)值如下:

- RNP4:在 95% 的总飞行时间内,横向 TSE 和沿航迹误差不超过±7.4 km(4 NM);
- Basic RNP1:在 95% 的总飞行时间内,横向 TSE 和沿航迹误差不超过±1.9 km(1 NM);
- RNP APCH:进近程序的起始、中间和复飞阶段,在 95% 的总飞行时间内,横向 TSE 和沿航迹误差必须不大于±1.9 km(1 NM)。在最后进近阶段,在 95% 的总飞行时间内,横向 TSE 和沿航迹误差必须不大于±0.56 km(0.3 NM)。

因此,在 RNP 导航规范中,航路点的偏航容差(XTT)、沿航迹容差(ATT)按下列方法确定:

XTT＝TSE ATT＝0.8×TSE

需要说明的是 RNP APCH 准则仅用于目的地机场基准点(ARP)56 km(30 NM)范围内,超过这个范围采用 RNAV1 或 Basic RNP1 准则。

（4）有关说明

在 RNP1 进离场、进近程序的起始、中间和复飞阶段,至少 95% 的总飞行时间内,偏航容差(XTT)及沿航迹容差(ATT)必须小于等于±1 NM;

在 RNAV2 规范下的进离场、起始进近航段,至少 95% 的总飞行时间内,偏航容差(XTT)及沿航迹容差(ATT)必须小于等于±2 NM;

在 RNAV1 规范下的进离场、起始进近航段,至少 95% 的总飞行时间内,偏航容差(XTT)及沿航迹容差(ATT)必须小于等于±1 NM;

在最后进近阶段,至少 95% 的总飞行时间内,偏航容差(XTT)及沿航迹容差(ATT)必须小于等于±0.3 NM。

在进离场、起始、中间进近和复飞阶段,FTE 不能超过 0.5 NM,在最后进近阶段,FTE 不能超过 0.25 NM。

此外,在 RNP 和 RNAV 后随的数字表示在 95% 的时间内的导航精度,如 RNAV1,RNP0.3。需要注意的是同样的数字,RNAV 和 RNP 对机载导航设备和机组程序会有很大的差别。

复习思考题

1-1 简述基本概念:仪表进近程序、精密进近、非精密进近、跑道入口速度、最低扇区高度。

1-2 简述仪表进近航段的划分和各航段的主要作用。

1-3 简述仪表进近程序采用的基本程序模式及其主要特点。

1-4 简述程序设计时主要采用的坐标体系及换算方法。

1-5 简述程序设计中转弯参数的规定及转弯半径的计算。

1-6 简述导航设施的精度和定位容差确定的基本方法。

1-7 简述 PBN 航路点的类型及容差区的确定方法。

第二章　非精密进近程序的设计

整个仪表飞行程序的设计应包括标准仪表进场、标准仪表离场、进近和复飞程序以及等待程序等。这些程序各自独立而又联系紧密,其中仪表进近和复飞程序的设计是仪表飞行程序设计中最关键的部分。

仪表进近和复飞程序的设计包括精密进近和非精密进近两类,根据程序所依据的导航设施,这两类进近程序又分为若干种,如各类 ILS 进近、精密雷达(PAR)进近、NDB、VOR、VOR/DME 进近等。对于一条特定的跑道,每一种导航设施一般只规定一种程序。

仪表进近和复飞程序的设计包括建立仪表进近程序、超障区和确定最低超障高度等。为使设计的程序达到安全、经济、简便和国际标准化的目的,在进行程序设计时,必须以民航总局的有关规定和国际民航组织的规范为依据,结合当地条件,尽可能采用最佳飞行程序模式,并根据最佳飞行程序的要求,尽量保证导航设施位置恰当、布局合理。

在这一章里,将通过直线航线程序来说明以 NDB、VOR、DME 为依据的非精密进近程序设计的一般准则和基本方法。

第一节　仪表进近程序的建立

仪表飞行程序可分为进场、起始、中间、最后和复飞五个航段。建立仪表飞行程序的进近程序,就是根据程序设计规范和当地条件,确定起始、中间、最后 3 个航段,并使之与进场和复飞程序融为一体,形成一个符合当地空中交通流向的、有秩序的飞行图形。

一、采用的程序模式

对于一个机场,仪表飞行程序所使用的模式对机场最低运行标准和空中交通的流畅起着决定性的作用,直接影响到机场运行的正常、效率和经济利益。因此,在进近程序设计时,采用最佳程序模式至关重要。

仪表飞行程序常用的模式有直线航线程序、U 形航线程序、反向程序和直角航线程序等。直线和 U 形航线程序,不论是设计还是飞行实施,都简便易行。这种程序可以缩减每架飞机在机场上空飞行的时间和空域,减少飞机之间进近时的冲突,使空中交通安全、流畅。根据"安全、经济、简便"的原则,只要顺应空中交通流向,在地形、空域、导航设施具备的机场,特别是空中交通繁忙的机场,都应优先考虑采用直线航线和 U 形航线程序。

反向和直角航线程序需要的导航设施比较少,而且设在机场附近,可以节省投资,便于维护、管理,一般用于空中交通量比较小的中、小型机场。有的机场由于受地形、空域等条件的限制,不宜建立直线和 U 形程序时,可建立反向和直角航线程序。

一般情况下,对每一个特定的跑道往往采用两种不同程序模式相结合,以便飞机不论从哪一个方向来都能向该跑道进近着陆。例如,沈阳/桃仙机场的 06 跑道,就是采用直线程序与 U 形程序相结合,如图 2-1 所示,当飞机从北京、大连方向来时,通过东羊角导航台向 06 跑道直接进近着陆;从哈尔滨、凤城方向来时,则经王滨沟导航台加入 U 形航线向 06 跑道着陆。

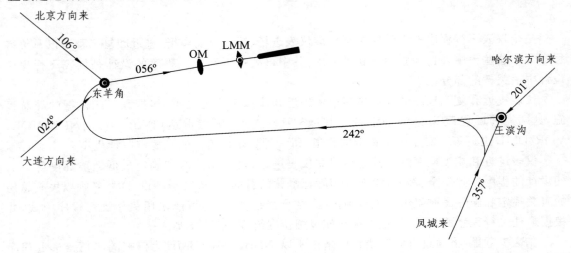

图 2-1　直线程序与 U 形程序相结合

二、导航设施的布局

仪表飞行的进场、进近和复飞航段的各飞行阶段,要有适当位置的导航台为其提供航迹引导和定位信息,飞行程序才可能建立和实施,并确保其安全。导航设施的位置,应根据飞行程序的需要设置,一经设定,便成为程序设计的基础。

我国目前许多新建机场,如沈阳/桃仙机场、重庆/江北机场、厦门/高崎机场等,都根据最佳飞行程序的要求,采用近台/中指点标(LMM)、外指点标(OM)、超远台或侧方归航台(NDB、VOR、VOR/DME)的布局方式,如图 2-1 所示。而少量的老机场,则仍然保留着距跑道入口一、四千米设置近台和远台这种布局方式。这样的布局只能建立反向和直角航线程序,而且由于设施落后,离入口过近,已适应不了现代民航运输机运行的需要。

三、进近航段的设计标准

在建立仪表飞行程序的起始、中间和最后进近航段时,必须遵循下述关于航迹对正、航段长度和下降梯度的规定。

(一)起始进近航段的设计标准
起始进近航段由起始进近定位点(IAF)起,到中间进近定位点(IF)止,需要由 NDB 或

VOR 台为其提供航迹引导,在没有这些方位引导时,也可以使用 DME 台为其提供航迹引导(沿 DME 弧飞行)。由于飞机沿 DME 弧飞行的过程中必须随时改变航向,给飞行员保持飞机在规定的航迹上带来一定困难,因此一般不采用这种方式作为起始进近。

在设定起始进近航迹及其定位点时,应以下述标准为依据。

1. 航迹对正

起始进近航迹在中间进近定位点与中间进近航迹的交角(切入角)不应超过 120°,如果交角超过 70°,则应确定一条径向线或一条方位线或 DME 弧,以提供至少 2 n mile(4 km)的转弯提前量。如果交角超过 120°,则应考虑采用 U 形程序、反向或直角航线程序。

使用 DME 弧作为起始进近航迹时,DME 弧可以在 IF 或以前与中间航段相交,圆弧的半径不得小于 7 n mile(13 km)。如果半径过小,飞行中将因圆弧曲率过大而增加航迹保持的难度。

2. 航段长度

起始进近航段没有规定标准的长度,它的长度根据该航段规定的下降梯度和需要下降的高度确定,下降梯度一定,需要下降的高度越多,航段就越长。

3. 下降梯度

下降梯度是飞机在单位水平距离内所下降的高度,它等于下降的高度与相应的水平距离之比,用百分数表示。

规范规定起始进近的最佳下降梯度为 4%,如果为了避开障碍物(缩短起始航段长度)需要一个较大的下降梯度时,则允许的最大下降梯度为 8%。以 8% 的最大下降梯度下降时,航段的长度为所要下降的高度的 12.5 倍,这一长度也就是起始航段在所述条件下的最小长度,IAF 的位置不应设在这一长度以内。

(二)中间进近航段

中间进近航段是起始进近和最后进近的过渡航段,用于调整飞机的外形、速度和位置,使飞机平稳地进入最后进近,起到承前启后的作用。

1. 航迹对正

直线航线和 U 形航线程序的中间进近航段,从中间定位点(IF)开始,到最后进近定位点(FAF)终止,其航迹方向应与最后进近航迹一致。如果为了避开障碍物需要偏开一个角度,而FAF 是一个电台时,则中间航迹偏离最后进近航迹的角度不得大于 30°

2. 航段长度

中间进近航段沿航迹量取的长度不应小于 5 n mile(9.3 km),也不应大于 15 n mile(28 km),航段的最佳长度为 10 n mile(19 km)。除非航行上要求一个较大距离证明是正确的,否则一般不应使用大于 10 n mile 的长度。

中间进近航段的最小长度取决于起始进近切入中间航迹的角度,其规定如表 2-1 所示。

表 2-1 非精密进近中间航段的最小长度

切入角	91°~96°	97°~102°	103°~108°	109°~114°	115°~120°
最小长度 (n mile/km)	6/11	7/13	8/15	9/17	10/19

这些最小长度只有在空域受限制时才使用,一般情况下都使用最佳长度。在确定中间定位点时,中间航段的长度不能低于上述限制数据。

3. 下降梯度

中间航段的作用不是下降而是调整飞机的外形、速度和位置,以便从起始进近过渡到最后进近,因此该航段必须平缓,如果需要下降,则允许的下降梯度最大为 5.2%,而且要在最后进近之前提供一段足够长的平飞段,平飞段的最小长度 A/B 类为 1.9 km(1.0 NM),C/D 类为 2.8 km(1.5 NM),使飞机从航路速度或限制速度减速,并在最后进近之前进行必要的飞机外形改变。

(三)最后进近航段

最后进近航段是沿着陆航迹下降和完成对准跑道进行着陆的航段,包括仪表飞行部分和目视进近部分。最后进近的仪表飞行部分必须提供航迹引导。

1. 航迹对正

非精密进近直线航线程序在最后航段的仪表飞行部分,是从最后进近定位点开始,到复飞点终止,可以向跑道做直线进入着陆(直线进近),或向机场做盘旋进近着陆(仪表飞行部分之后,向机场做目视盘旋着陆)。

最后进近航迹应尽可能与跑道中线延长线重合,航迹方向应对准跑道中线。如果由于导航台的位置或地形障碍物的原因,最后进近航迹不能对准跑道中线时,则应根据最后进近航迹与跑道中线的对准程度,确定采用直线进近还是盘旋进近。

符合下列条件之一者,可建立直线进近:

① 最后进近航迹与着陆跑道中线延长线的交角,A 类和 B 类飞机不超过 30°;C 类、D 类、E 类飞机不超过 15°。最后进近航迹与着陆跑道中线延长线的交点距跑道入口不小于 1 400 m。

② 在跑道入口前 1 400 m 处,最后进近航迹与着陆跑道中线延长线的横向距离不大于 150 m,如图 2-2 所示。

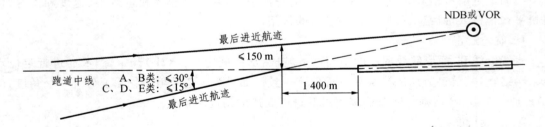

图 2-2 直线进近的航迹对正

如果最后进近的航迹对准不符合上述标准,就只能建立盘旋进近(参见本章第四节)。

2. 航段长度

最后进近航段的长度,从跑道入口算起,最佳为 5 n mile(9.3 km),最长为 10 n mile(19 km),最小长度不得小于 5.6 km(3.0 NM)。

在实际设计运用中,非精密进近最后航段的长度以 5.6~9.3 km 之间为好。

3. 下降梯度

最后进近航段的下降梯度以 5.2% 为最佳,最大不超过:A/B 类为 6.5%、C/D/E 类为 6.1%,直升机为 10%。

程序设计时,在确定最后进近定位点的高度(H_{FAF})之后,必须计算最后航段的下降梯度,该梯度一般不应大于 5.2%,除非采用各种方法仍不能降低时,才使用较大的下降梯度。如果最后航段的下降梯度大于 6.1% 或 6.5% 时,就只能建立盘旋进近。

如图 2-3 所示,直线进近的下降梯度根据最后航段所要下降的高度和最后航段的长度计算,即:

$$下降梯度 = \frac{H_{FAF} - 15}{FAF 至入口的距离} \times 100\%$$

式中,15(m) 为最后航段下降航径在入口处的高,称为跑道入口高(RDH)。

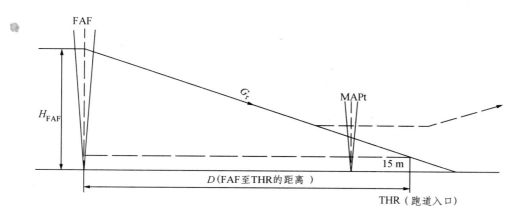

图 2-3 最后进近下降梯度的计算

最后进近使用的下降梯度,应在仪表进近图中予以公布。如果有适当的 DME 台提供距离信息,还应公布一组高度与 DME 距离的对应数值,以便飞行员在最后进近过程中,用以检查飞机是否在规定的下降航径上。

在着手建立仪表进近程序的各个航段时,应从最后进近航段入手。因为这是机动性最小、最关键的航段。根据航迹设计的最佳标准,首先设置最后进近航段(航迹方向和航段长度),然后依次建立中间航段和起始航段,确定飞越最后进近定位点(FAF)、中间定位点(IF)和起始进近定位点(IAF)的最低高度。在确定上述定位点的最低高度时,必须满足安全超障的要求,并应尽可能使下降梯度不超过规范所规定的最佳值。

第二节　最低超障高度的计算

确保安全是程序设计考虑的首要因素。各进近航段的最低超障高度,就是保证仪表进近过程中,飞机不致与超障区内的障碍物相撞的最低安全高度。进行程序设计时,起始进近定位点、中间定位点和最后进近定位点的最低高度的确定,取决于进场航段、起始进近航段和中间进近航段的最低超障高度的计算。而最后进近和复飞的最低超障高度,也就是整个仪表进近程序的最低超障高度,则是制定机场的运行最低标准的依据。因此,最低超障高度的计算是程序设计的一项极其重要的计算。

一、各进近航段的安全保护区

为了保证安全,仪表进近程序的各个航段都规定有相应的安全保护区,即超障区。超障区是一个以进近航迹为对称轴的区域,并分为主区和副区两部分,在进近航迹两侧,主、副区各占总区域宽度的一半。

(一)最后进近的安全保护区

最后进近可以从距离 VOR 台最远 20 n mile(37 km)或 NDB 台最远 15 n mile(28 km)处开始,可以向 VOR 或 NDB 台进行,也可以背 VOR 或 NDB 进行。最后进近航段的超障区,以提供其航迹引导的导航设施的容差为依据,是上述有效范围内从 FAF 至 MAPt(复飞点)之间的区域,包括 FAF 定位容差区在内,区域的宽度如图 2-4 所示。

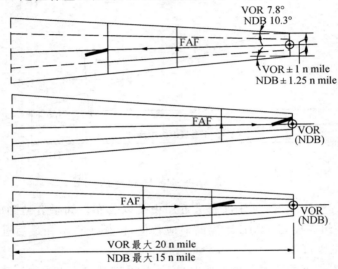

图 2-4 最后进近航段的超障区

从图 2-4 上可以看出,最后进近航迹上各点的区域宽度互不相等,离电台越远,区域宽度越宽。如图 2-5 所示,距离电台为 d 的一点,其两侧区域的宽度(L)可按下式计算:

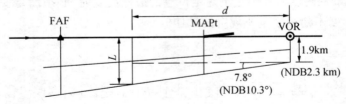

图 2-5 最后进近航迹上任一点的区域宽度

$$\text{VOR} \quad L = 1.9 + d \cdot \tan 7.8° \quad \text{(km)}$$

或 $$\text{NDB} \quad L = 2.3 + d \cdot \tan 10.3° \quad \text{(km)}$$

(二)中间进近的安全保护区

中间进近航段的超障区,其内、外边界(主、副区边界)是由直线连接起始进近区和最后进近区的内外边界而成。在 IF 处,区域宽度一般为 ±5 n mile(9.2 km);在 FAF 处,其宽度等于最后进近区在该点的宽度(L_{FAF})。如图 2-6 所示,中间进近航段上,距 FAF 为 d 的一点,其

26

两侧区域的宽度(L)可按下式计算：

$$L = L_{FAF} + \frac{d}{D}(L_{IF} - L_{FAF})$$

式中，D 为中间航段的长度，$L_{IF} = 5 \text{ n mile}(9.2 \text{ km})$。

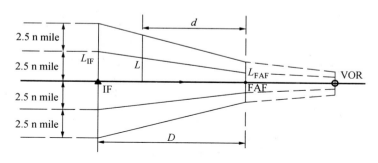

图 2-6　中间航段上任一点的区域宽度

例 1　$D = 10 \text{ n mile}$，$L_{FAF} = 1.6 \text{ n mile}$，求 $d = 7 \text{ n mile}$ 处中间进近区一侧的宽度。
解

$$L = 1.6 + \frac{7}{10}(5 - 1.6) = 3.98 \text{ n mile} \quad (7.37 \text{ km})$$

中间进近航段的超障区包括 IF 定位容差区。

（三）起始进近的安全保护区

使用直线航线或 DME 弧的起始进近航段，其超障区宽度为 $\pm 5 \text{ n mile}(9.2 \text{ km})$。在起始进近航迹两侧，主区和副区宽度各为 2.5 n mile(4.6 km)。如果中间进近定位点(IF)是个电台，则在 IF 处的宽度可以缩减：VOR 为 $\pm 2 \text{ n mile}$，NDB 为 $\pm 2.5 \text{ n mile}$，并以 7.8°或 10.3°角向两侧扩展直到宽为 $\pm 5 \text{ n mile}$ 为止。如果由于航行上要求起始进近的某一部分离 NDB 台 28 n mile(52 km)或离 VOR 台 37 n mile(69 km)以上时，其区域应按 10.3°或 7.8°向两侧扩大，如图 2-7 所示。

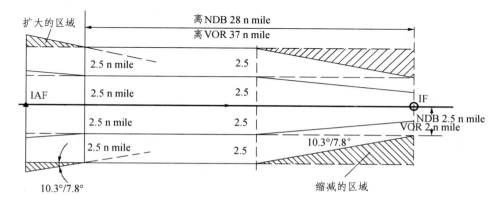

图 2-7　起始进近区的缩减与扩大

各超障区之间的相互衔接如图 2-8 所示。

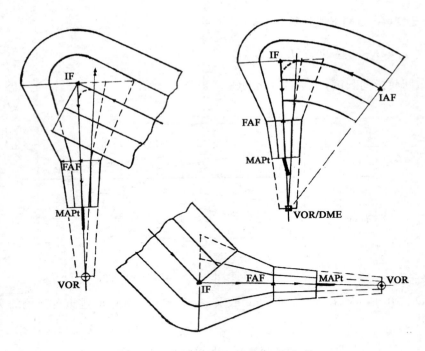

图 2-8　各进近航段超障区的衔接

FAF 是个电台,当中间航迹与最后进近航迹的交角大于 10°(不得大于 30°)时,为了防止飞机在电台上空转弯时偏出由电台容差所确定的超障区之外,最后进近区应如图 2-9 所示向转弯外侧扩大。

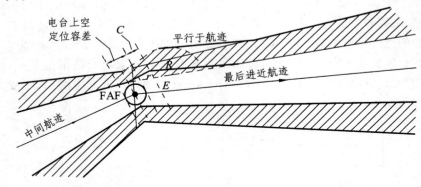

图 2-9　在 FAF(电台)上空转弯大于 10°的最后进近区

图 2-9 中,C 为反应 3 s＋建立坡度 3 s 的容差,它根据最后进近最大真空速(TAS)和 30 kn 全向风速来计算,即 $C=(TAS+30)\times6/3\ 600$ n mile;r 为转弯半径,可根据 TAS 和 20°转弯坡度来计算;E 为 90°转弯中受 30 kn 全向风影响的偏移量;转弯区边界圆按 $R=\sqrt{r^2+E^2}$ 画出。

二、最小超障余度

超障余度,顾名思义,就是飞越安全保护区内的障碍物上空时,保证飞机不致与障碍物相撞的垂直间隔。在设计仪表进近程序时,主要应考虑的安全问题就是超障余度。程序设计规范中为各航段规定的超障余度,是根据现代标准设备和大量飞行实践结果制定的,它考虑了许多变化因素,如地形、气象条件、设备精度、飞机性能及驾驶员的能力等。由于各种变化因素的存在,规范中规定的超障余度被认为是最小的,从安全角度考虑,是不能再降低的。

（一）起始进近的最小超障余度

在起始进近区的主区内,最小超障余度(MOC)为 300 m。在副区内,MOC 由其内边界的 300 m 逐渐向外递减至外边界为零。如图 2-10 所示,副区内任一点的最小超障余度(MOC')可按下式计算:

$$MOC' = \frac{9.26 - l}{9.26/2} \times 300 \quad (\text{m})$$

式中,9.26 km(5 n mile)为超始区宽度;l 为该点至起始进近航迹的垂直距离;300(m)为起始航段主区的最小超障余度。

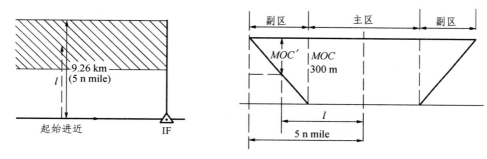

图 2-10　起始进近区副区内任一点的 MOC'

（二）中间进近的最小超障余度

在中间进近区主区内,最小超障余度(MOC)为 150 m,在副区内,最小超障余度由其内边界的 150 m 逐渐向外递减到外边界为零。如图 2-11 所示,副区内任一点的最小超障余度(MOC')可按下式计算:

$$MOC' = \frac{L - l}{L/2} \times 150 \quad (\text{m})$$

式中,L 为该点所在位置的区域宽度;l 为该点到中间航迹的垂直距离;150(m)为中间航段主区的最小超障余度。

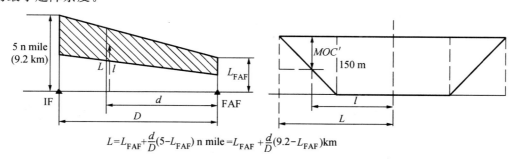

$$L = L_{FAF} + \frac{d}{D}(5 - L_{FAF}) \text{ n mile} = L_{FAF} + \frac{d}{D}(9.2 - L_{FAF}) \text{km}$$

图 2-11　中间进近区副区内任一点的 MOC'

（三）最后进近的最小超障余度

有最后进近定位点（FAF）的最后进近航段，在其超障区的主区内，最小超障余度（MOC）为 75 m。在副区内，MOC 由内边界的 75 m 逐渐向外递减至外边界为零。

没有最后进近定位点（FAF）的最后进近航段，其主区 MOC 为 90 m，副区 MOC′ 由其内边界的 90 m 逐渐向外递减至外边界为零。

如图 2-12 所示，副区内任一点的最小超障余度（MOC′）可按下式计算：

$$MOC' = \frac{L-l}{L/2} \times 75 \quad (m) \qquad (\text{有 FAF})$$

或

$$MOC' = \frac{L-l}{L/2} \times 90 \quad (m) \qquad (\text{无 FAF})$$

式中，L 为最后进近航迹一侧已知点处的区域宽度；l 为该点至最后航迹的垂直距离；75 m/90 m 为主区的 MOC。

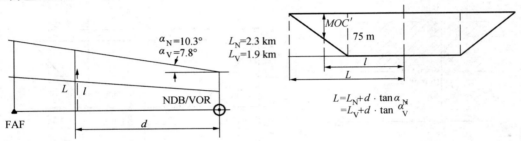

图 2-12 最后进近区副区内任一点的 MOC'

如果最后进近航段过长，即从 FAF 至跑道的距离超过 11 km（6 n mile）时，则每超过 0.2 km（0.1 n mile），超障余度应增加 1.5 m（5 ft）。但如果其间设置一个梯级下降定位点，只要这个定位点距跑道在 11 km（6 n mile）以内，则梯级下降定位点和复飞点之间可使用基本的超障余度。

（四）山区需增大 MOC

为山区机场设计程序时，必须考虑当山区有 37 km/h（20 kn）或更大流速的风在这种地形上空运动时，会导致气压高度表误差和驾驶员操纵失误的问题。因此，在已经知道存在这种情况的地方，最小超障余度（MOC）应增大，起始进近可以增加到 600 m，中间进近可以增加到 300 m，最后进近可以增加到 150 m，即各航段的最低超障余度翻一番。为了取得最好的当地资料，设计程序时应征求航空公司飞行人员的意见。

三、计算最低超障高度的步骤和方法

飞机飞越障碍物时的最低超障高度（OCA），等于该障碍物标高（h_o）加上最小超障余度（MOC），如图 2-13 所示，即：

$$OCA = h_o + MOC$$

在主区，对各障碍物提供的超障余度都是相同的，障碍物越高，要求的最低超障高度就越高。在副区，处于不同位置的障碍物，其超障余度不相同，其中标高比较高的，要求的最低超障

30

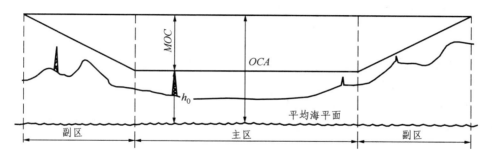

图 2-13　计算最低超障高度

高度不一定很高。因此,在计算最低超障高度时,对副区内的障碍物,必须逐个计算其超障余度和超障高度,对主区内的障碍物,只需计算飞越其中最高障碍物的超障高度就可以了。计算的一般步骤和方法是:

① 在大比例尺地形图上精确地绘出各进近航段的超障区,以及各进近定位点的定位容差区。

② 查出主区内最高障碍物的标高(h_O)。

③ 精确地量出副区内各障碍物所在区域的宽度(L)和该障碍物到进近航迹的垂直距离(l),查出各障碍物的标高(h_O)。

④ 逐一计算主区最高障碍物的超障高度、副区各障碍物的超障余度和超障高度。在所有这些障碍物的超障高度中,数值最大的一个就是相应航段的最低超障高度(OCA)。

例 2　中间进近航段,NDB 在 FAF,FAF 距 IF 8.8NM,机场标高 60 m,障碍物如表 2-2 所示,求 $OCH_{中}$。

表 2-2　例 2 的障碍物数据

障碍物	l(NM)	d(NM)	H(标高 m)
O_1	0.5	1.5	186
O_2	2.3	3.0	195
O_3	3.9	6.1	210

解

(1) O_1 在主区内

$$OCH_1 = 186 + 150 - 60 = 276$$

(2) $L = d \times (L_{IF} - L_{FAF})/D + L_{FAF}$

$$= 3 \times (5 - 1.25)/8.8 + 1.25 = 2.52$$

O_2 在副区内

$$MOC' = 2MOC(L - l)/L$$

$$= 150 \times 2(2.52 - 2.3)/2.52$$

$$= 27$$

$$OCH_2 = 195 + 27 - 60 = 162 \text{ m}$$

(3)$L = d \times (L_{IF} - L_{FAF})/D + L_{FAF}$

$= 6.1 \times (5 - 1.25)/8.8 + 1.25 = 3.85$

O_3 在保护区外。

(4)中间进近航段的

$OCH_{中} = 276$ m（取整为 300 m）

例3 经过在 1∶10 万地形图上的地图作业,取得最后进近区内各障碍物的数据如图 2-14 和表 2-3 所示,求该航段的最低超障高度(OCA)。

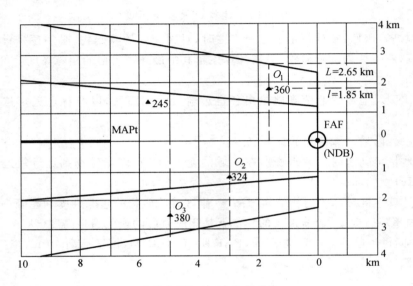

图 2-14 OCA 计算举例

表 2-3 例 3 的数据

障碍物	h_O(m)	l(km)	L(km)	MOC(m)	OCA(m)
O_1(烟囱)	360	1.8	2.6	46.15	406.15
O_2(烟囱)	324	1.1	2.8	75.0	399.0
O_3(塔)	380	2.7	3.2	23.44	403.44

解

(1)计算主区最低超障高度

O_2 为主区内最高障碍物,则

$$MOC_2 = 75 \text{ m}, \quad h_O = 324 \text{ m}, \quad OCA_2 = 324 + 75 = 399 \text{ m}$$

(2)计算副区内各障碍物的 MOC 和 OCA

O_1 在副区　$MOC_1 = \dfrac{L-l}{L} \times 150 = \dfrac{2.6 - 1.8}{2.6} \times 150 = 46.15$　（m）

$$OCA_1 = 360 + 46.15 = 406.15 \quad （m）$$

O_3 在副区　$MOC_3 = \dfrac{3.2 - 2.7}{3.2} \times 150 = 23.44$　（m）

$$OCA_3 = 380 + 23.44 = 403.44 \quad (m)$$

上述最低超障高度中，$OCA_1 = 406.15$ m 最大，确定为最后进近航段的最低超障高度。

根据计算出来的最低超障高度来确定各航段的最低高度时，起始进近和中间航段应按 50 m 或 100 ft 向上取整，最后进近航段应按 5 m 或 10 ft 向上取整。例如，例 3 中最后进近航段的 OCA 应取整为 410 m 或 1 340 ft。

最后进近航段的最低超障高度，是复飞航段超障计算的基础，作为复飞爬升的起始高度，它必须满足复飞的最低超障标准。关于复飞程序的有关准则，将在本章第三节中阐述。

四、建立梯级下降定位点(SDF)

梯级下降定位点是在一个航段内，确认已安全飞过控制障碍物时允许再下降高度的定位点。在有条件的地方，建立必要的梯级下降定位点可以获得航行上的好处，例如，在进场、起始进近和中间进近，通过建立梯级下降来减小该航段的最低超障高度，可以为 IAF、IF、FAF 的高度选择提供有利条件。当进近航段过长或没有 FAF 时，通过建立梯级下降来保持基本的 MOC 和降低 OCA，可以为降低机场运行标准提供有利条件。

如果能用位置适当的 DME 台提供定位时，可在规定的航迹上或在会聚到着陆机场一个规定的扇区内建立一系列的梯级下降。设计这种程序应从航路飞行阶段至最后进近阶段，根据梯级下降定位点所在的航段提供相应的超障余度。

在最后进近航段最好只规定一个梯级下降定位点，而且只有在飞机能同时接收航迹引导和交叉定位的指示时，才允许使用梯级下降定位点。如果在最后进近航段使用一个梯级下降定位点，则应对有或没有梯级下降定位点这两种情况都提供最低超障高度，如图 2-15 所示。

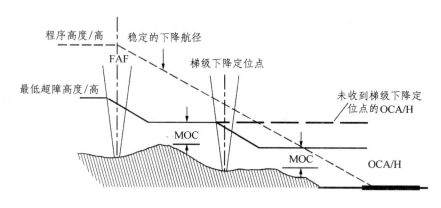

图 2-15　梯级下降定位及双重 OCA/H

在起始和中间进近航段的梯级下降定位点应分别符合 IAF 和 IF 的标准，而在最后进近航段则应符合 FAF 的标准。

五、计算 OCA 时可不考虑的障碍物

在最后进近定位点和梯级下降定位点附近的障碍物，如果是在定位容差区最早点之后的

5 n mile(9.3 km)以内,以前一航段最低超障高减 MOC 为起始高、梯度为 15％的斜面之下(障碍物高低于该处的斜面高),则在确定最后进近航段的 OCA 时可以不予考虑,如图 2-16 所示。

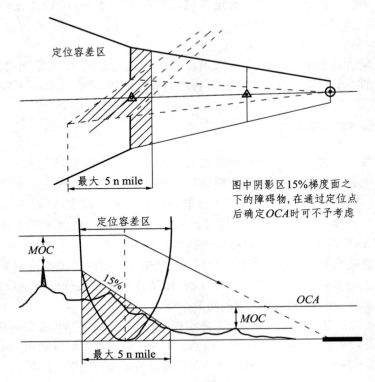

图中阴影区15%梯度面之下的障碍物,在通过定位点后确定OCA时可不予考虑

图 2-16　计算 OCA 时可不予考虑的障碍物

例 4　最后进近航段,FAF 为 NDB,FAF 距入口的距离 x_{FAF} 为 10 700 m,$OCH_{中}$ = 550 m,下降梯度为 5％,障碍物位置如表 2-4 所示,求最后航段的 OCH。

表 2-4　例 4 的数据

障碍物	x(m)	y(m)	z(m)
O_1	9 800	在主区	290
O_2	4 000	在主区	10

解

(1) $OCH_{O_1} = 290 + 75 = 365$ (m)；$OCH_{O_2} = 10 + 75 = 85$ (m)。

(2) 15％的检查

最早容差点的位置为

$$x = x_{FAF} + (OCH_{中} - MOC_{中}) \times \tan \alpha$$
$$= 10\ 700 + (550 - 150) \times \tan 40° = 11\ 036 \quad (m)$$

15％面的高为

$$z(15\%)=(550-150)-(11\,036-9\,800)\times15\%=215 \quad (\text{m})$$

$z_{O_1}>z(15\%)$，O_1 有影响。

（3）设置梯级下降定位点

$$x_{\text{SDF}}=(z_{O_1}+MOC_{最后}-15)/0.05=(290+75-15)/0.05=7\,000 \quad (\text{m})$$

（4）公布 OCH

如收到 SDF，则 $OCH=85$ m。

如未收到 SDF，则 $OCH=365$ m。

六、连续下降最后进近（CDFA）

连续下降最后进近（CDFA）是一种与稳定进近相关的飞行技术，在非精密仪表进近程序的最后进近阶段连续下降，没有平飞，从高于或等于最后进近定位点高度/高下降到高于着陆跑道入口大约 15 m（50 ft）的点或者到该机型开始拉平操作的点。

（一）CDFA 技术的适用性

CDFA 技术适用于下列公布了垂直下降梯度或下滑角度的非精密进近程序：VOR，VOR/DME，NDB，NDB/DME，LOC，LOC/DME，GNSS；在境外运行时，还可能包括 LOC-BC，LDA，LDA/DME，SDF，SDF/DME 等。CDFA 技术不适用于目视盘旋进近。

事故数据分析表明，航空器在实施非精密进近时的事故率是实施精密进近时发生的事故率的 7 倍。其中一个重要的原因是：目前非精密进近的最后进近航段设计中，传统的梯度下降是在机场净空剖面基础上设计的，其中有的包含，而其他的则不包含梯级下降定位点（SDF）。按照包含梯级下降定位点的程序飞行（即没有稳定梯度下降的飞行）需要飞行员在通过最后进近定位点以后多次调整航空器的推力、俯仰姿态和高度，这些调整增加了在飞行关键阶段飞行员的工作负荷和发生差错的可能性；对于最后进近航段不包含梯级下降定位点的非精密进近，允许飞行员在通过最后进近定位点之后立即下降至最低下降高度/高（MDA/H），这种操纵通常被称为"快速下降后平飞（dive and drive）"。无论对于上述哪种情况，航空器均有可能保持在最低下降高度/高（MDA/H）飞行直至从某一点开始继续下降至跑道或达到复飞点（MAPt），在仪表气象条件下可能导致在低至地面以上 75 m（250 ft）高上的延长水平飞行，并有可能导致最后进近时下降梯度过大或过小。

精密仪表进近程序和类精密进近（APV）程序在设计时均包含一段连续下降的进近下降剖面。因此，在实施非精密进近程序过程中使用连续下降最后进近（以下简称 CDFA）技术更易于操作，比采用"快速下降后平飞"的操纵方法实施进近更具有安全优势。

使用 CDFA 技术进近时，为确保航空器在复飞过程中不低于公布的最低下降高度/高，由运营人确定的在公布的最低下降高度/高以上的某一高度/高，当下降至此高度/高时，如果不具备着陆条件，飞行员应开始复飞，如图 2-17 所示。

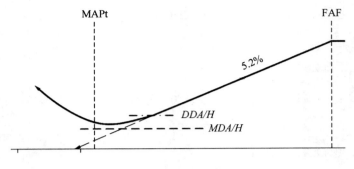

图 2-17　CDFA 技术示意图

（二）CDFA 技术的运行程序和飞行技术

1. 设备要求

除了非精密进近程序所要求的设备外，CDFA 技术不需要特殊的航空器设备。飞行员可以使用基本的驾驶技能、航空器的基本导航性能、航空器飞行管理系统（FMS）或区域导航系统（RNAV）设备等在适用的非精密进近程序中安全实施 CDFA。同时，飞行员可以利用测距仪（DME）定位点、交叉径向线、卫星导航系统（GNSS）提供的航空器至跑道的距离等数据，按照仪表进近图监控航空器在复飞点前的水平和垂直进近航迹。

2. 进近类型要求

CDFA 要求使用仪表进近程序中公布的垂直下降梯度或气压垂直引导下滑角度。安装有飞行管理系统（FMS）、气压垂直导航（baro－VNAV）、广域增强系统（WAAS）或类似设备的航空器，当从数据库中选定仪表进近程序时，通常会提供公布的垂直下降角（VDA）或下滑角度。具有飞行航迹角（FPA）模式的航空器允许飞行员根据公布的垂直下降梯度或下滑角度输入一个电子的下滑角。如果航空器没有这类设备，那么飞行员必须计算需要的下降率。

3. 最后进近定位点后包括梯级下降定位点的程序设计。

在某些情况下，最后进近定位点后包括梯级下降定位点，仪表进近程序会公布梯级下降定位点和之后相应的垂直下降梯度。对于最后进近定位点后包括梯级下降定位点的程序，其设计目标是公布一个垂直下降梯度或下滑角度，确保垂直航迹不低于梯级下降定位点的超障高度。

对于由最后进近定位点高度/高和梯级下降定位点高度/高确定的下降梯度或下滑角度略小于梯级下降定位点和跑道之间航段所公布的垂直下降梯度或下滑角度的程序，飞行员可以使用两种方法实施进近：

① 以较小的下降率从最后进近定位点开始下降，从而在梯级下降定位点高度或以上飞越，然后过渡到公布的垂直下降梯度。

② 从通过最后进近定位点以后的一点开始下降，使航空器以相应公布的垂直下降梯度下降并且在飞越梯级下降定位点时满足高度限制要求。对于最后进近定位点后包括梯级下降定位点的进近程序，运营人应在其手册和标准操作程序中确定其飞行员应使用何种方法实施进近，并且无论使用哪种方法，在实施进近过程中，飞行员都应该沿着一条满足所有高度限制的连续下降航迹来实施进近。

4. CDFA 特定决断高度/高（DDA/H）

飞行员在使用 CDFA 技术的过程中执行复飞时，不得使航空器下降到最低下降高度/高以下。考虑到航空器在复飞过程中可能的高度损失等因素,运营人应指令他们的飞行员在公布的最低下降高度/高以上的某一高度/高[即CDFA特定决断高度/高(DDA/H),例如,在公布的最低下降高度/高上增加15 m(50 ft)]开始复飞,以确保航空器不会下降到公布的最低下降高度/高以下。

5. 在CDFA特定决断高度/高(DDA/H)时决断

沿公布的垂直下降梯度或下滑角度飞行时,航空器将会在复飞点前达到CDFA特定决断高度/高(DDA/H),在下降至CDFA特定决断高度/高(DDA/H)时,飞行员有且只有两种选择:清楚看到和辨认要求的目视参考并且具备着陆条件时方可继续下降至着陆;或者执行复飞,且不允许航空器下降到最低下降高度/高以下。

6. 在复飞点前开始复飞

当在复飞点之前执行复飞并且未取得空中交通管制的指令时,应按照公布的复飞程序飞行,在飞越复飞点后才可以起始沿公布的复飞程序转弯。

7. 不使用CDFA技术的运营人的能见度最低标准

如果在非精密进近中不采用CDFA技术,运营人所确定的其机场运行最低标准应在局方批准的该机场最低标准之上。对于A、B类飞机,跑道视程/能见度(RVR/VIS)至少增加200 m,对于C、D类飞机,RVR/VIS至少增加400 m。增加上述能见度最低标准,目的是使不采用CDFA技术的运营人的飞行员在最低下降高度/高平飞时有足够的裕度来获得恰当的目视参考,并转换至目视下降,以便在接地区着陆。

第三节　复飞程序

复飞程序或复飞航段,是整个仪表进近程序的一个组成部分,每个仪表进近程序都应规定一个复飞程序。非精密进近的复飞程序,是在不低于OCA/H的一个规定点即复飞点开始,其终止的高度应足以允许:开始另一次进近,或回至指定的等待航线,或重新开始航线飞行。

一、复飞程序的构成

原则上,复飞程序包括复飞航段的起始、中间和最后阶段,如图2-18所示。

(一)复飞起始阶段

复飞起始阶段是从复飞点(MAPt)开始,至建立爬升的一点(SOC)为止。在这个阶段,驾驶员需要集中注意力来操纵飞机,特别是建立爬升和改变飞机外形,并且假定在这些飞机操作中不能充分运用导航设备,因此在这个阶段不允许改变飞行方向。

(二)复飞中间阶段

复飞中间阶段是从建立爬升的一点(SOC)开始,从该点飞机以稳定速度上升直到取得并能保持50 m超障余度的第一点为止。复飞面标称的上升梯度为2.5%,在飞机的爬升性能允

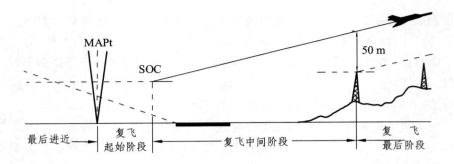

图 2-18　复飞程序的起始、中间和最后阶段

许并且在运行上有利时,也可使用 3%、4%或 5%的梯度。如果能提供必要的测量和安全保护并经有关当局批准,也可用 2%的梯度。程序设计使用非标称梯度时,必须在进近图中说明,并标明适用于标称梯度和非标称梯度的双重 OCA/H。

复飞中间阶段以有航迹引导更为有利,复飞航迹可从 SOC 开始做不大于 15°的转弯。

(三) 复飞最后阶段

复飞最后阶段紧接着复飞中间阶段,延伸到可以开始做一次新的进近、等待或回到航线飞行(飞往备降机场)为止。在这个阶段可根据需要进行转弯。

二、复飞点和起始爬升点

(一) 复飞点(MAPt)及其容差区

在非精密进近程序中规定的复飞点可以是:

① 一个电台;

② 一个交叉定位点;

③ 离 FAF 一个距离的点。

进行程序设计时,复飞点最好用一个电台或一个交叉定位点确定,该点位于最后进近下降至 OCA/H 的一点与跑道入口之间的适当位置。复飞点容差区的纵向限制因其定位方式而异。

1. 由电台或定位点确定的 MAPt 纵向容差

如图 2-19 所示,由电台或定位点确定的复飞点,其容差区的纵向限制规定如下:

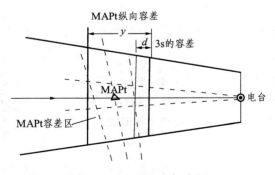

图 2-19　MAPt 容差区

① MAPt 容差区的最早限制(最早 MAPt),是通过复飞点定位容差区最早点并垂直于复飞航迹的直线。

如果复飞点是一个电台(VOR、NDB 或 75 GHz 指点标),则定位容差可视为零。

② MAPt 容差区的最晚限制(最晚 MAPt),是在复飞点定位容差区最晚点之后、沿复飞方向移动一个距离 d 的航迹垂直线。这个 d 相当于各类飞机以最后进近的最大真空速(TAS_{fmax})加上 10 kn(19 km/h)顺风飞行 3 s(驾驶员反应时间)的距离,即:

$$d = (TAS_{fmax} + 10) \times 3 / 3\,600 \quad (\text{n mile})$$

各类飞机最后进近的真空速根据规定的最后进近最大指示空速(IAS_{fmax})、机场气压高度及该高度的标准气温加 15°C($t_H = ISA + 15°C$)来计算。假设机场气压高度(海压高)为 600 m,则计算出各类飞机的 d 值如表 2-5 所示。

表 2-5　机场气压高度为 600 m 时各类飞机的 d 值

飞机分类	A	B	C	D	E
d(n mile/km)	0.10/0.18	0.12/0.23	0.15/0.28	0.17/0.32	0.21/0.39

2. 由距 FAF 的一个距离确定 MAPt 纵向容差

如图 2-20 所示,MAPt 是距离 FAF 为 D 的一个点,其容差区最早限制的纵向容差由下述因素的平方和根(RSS)确定:

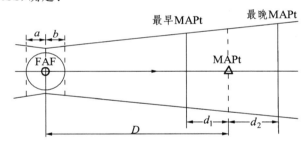

图 2-20　MAPt 是一个点的容差区

① FAF 的纵向容差 $a = 1.0$ n mile(1.9 km)。

② 10 s 计时容差,等于该类飞机以最后进近最小真空速(按规定的最小指示空速、机场气压高度及该高度的标准气温减 10°C 计算)飞行 10 s 的距离。

③ FAF 至 MAPt 的飞行过程中受 30 kn(56 km/h)风速(逆风)影响的距离,为(D/TAS_{fmax})×30(n mile)。这里使用 30 kn 的风速而不是 10 kn 的风速,是考虑到从 FAF 到 MAPt,空中实际的风与地面报告的风可能有着较大的差别。

MAPt 容差区最晚限制的纵向容差由下述因素的平方和根(RSS)确定:

① FAF 的纵向容差 $b = 1.0$ n mile(1.9 km)。

② 10 s 计时容差和 3 s 驾驶员反应容差,等于该类飞机以最后进近最大真空速(根据规定的最大指示空速、机场气压高度及该高度的标准气温加 15°C 计算)飞行 13 s 的距离。

③ FAF 至 MAPt 飞行过程中受 30 kn 顺风影响的距离,为(D/TAS_{fmax})×30(n mile)。

上述容差区的最早限制和最晚限制,可从图 2-21 中查出,该图适用的高度范围为 4 000 m(13 000 ft)以内。

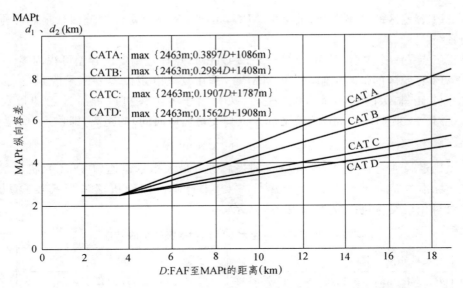

图 2-21　MAPt 距离 FAF 为 D 所确定的纵向容差

(二) 起始爬升 SOC

进行复飞爬升的超障计算时,必须首先确定一个点,作为计算复飞爬升的开始点,规定该点位于 MAPt 容差区最晚限制之后的过渡容差(x)处。

过渡容差(x)是飞机从进近下降过渡到复飞爬升用于改变飞机外形和飞行航径所需要的修正量,它等于各类飞机以最后进近的最大真空速(TAS_{fmax})加上 10 kn(19 km/h)顺风飞行 15 s 的距离,如图 2-22 所示。

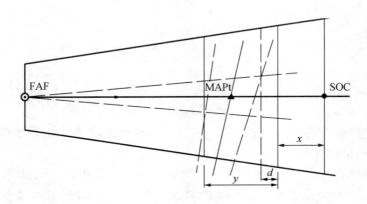

图 2-22　过渡容差(MAPt 是定位点的 SOC)

最后进近最大真空速根据规定的最后进近最大指示空速、机场气压高度及该高度的标准气温+15℃ 计算,表 2-6 是按距海平面 600 m 高度计算的各类飞机的过渡容差值。

表 2-6　按距海平面 600 m 高度计算的各类飞机的过渡容差值

飞机分类	A	B	C	D	E
x(n mile/km)	0.48/0.89	0.61/1.14	0.75/1.38	0.86/1.60	1.05/1.95

当 MAPt 是由距 FAF 一个距离所确定时，MAPt 至 SOC 的纵向距离可从图 2-23 中查出。

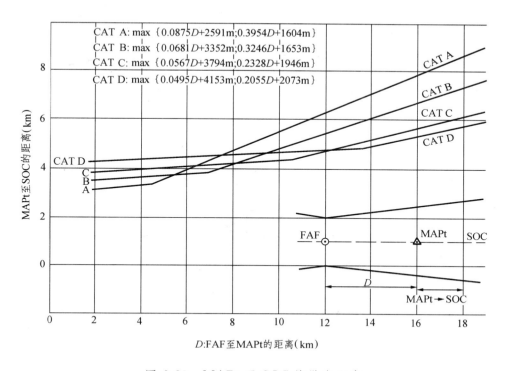

CAT A: max {0.0875D+2591m;0.3954D+1604m}
CAT B: max {0.0681D+3352m;0.3246D+1653m}
CAT C: max {0.0567D+3794m;0.2328D+1946m}
CAT D: max {0.0495D+4153m;0.2055D+2073m}

D:FAF 至 MAPt的距离(km)

图 2-23　MAPt 至 SOC 的纵向距离

三、直线复飞的超障计算

直线复飞是指转弯角度不大于 15°的复飞，主要包括复飞的起始阶段和中间阶段。复飞的最后阶段，无论是为了避开直线复飞方向的障碍物，还是为了航行上的需要，总是要转弯的。为了确定最后进近和复飞的最低超障高度，选定复飞点和起始爬升点，在完成最后进近航段最低超障高度计算之后，必须进行直线复飞的超障计算，检查直线复飞的超障余度。

（一）直线复飞区

如果复飞的航迹引导是由最后进近的电台连续提供时，复飞区就是该电台所确定的最后进近区的延续，如图 2-24 所示。如果在复飞点做不大于 15°的转弯，转弯后没有取得航迹引导，则区域应以转弯后的航迹方向为准，各向两侧扩大 15°，转弯外侧边界按简易转弯螺旋线法画出，如图 2-25 所示。

直线复飞区要延伸到足以保证飞机上升到能够符合其他程序（重新进近、等待或航线飞行）规定的超障余度所要求的高度为止。

在设计复飞程序时，使用适当位置的电台提供航迹引导，可以缩小复飞最后阶段的保护区，如图 2-26 所示。

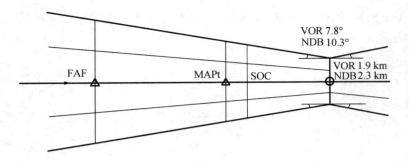

图 2-24　连续航迹引导的直线复飞区

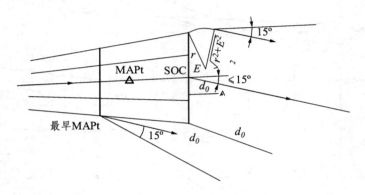

图 2-25　转弯不大于 15°的直线复飞区

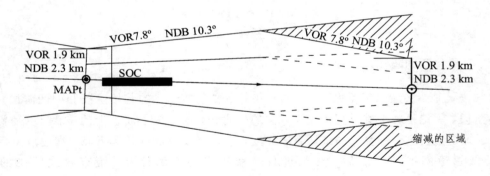

图 2-26　提供另外的航迹引导的复飞区

（二）起始复飞的最低超障高度

复飞航段的起始阶段（MAPt 至 SOC）是水平的,在起始复飞区的主区内,SOC 处的最小超障余度（MOC）为 30 m,采用 2.5%的复飞爬升梯度,在离 SOC 每 40 m 的距离上,MOC 增加 1 m,直到离 SOC 为 1 800 m 处 MOC 增大到 75 m 为止（无 FAF,在离 SOC 2 400 m 处 MOC 为 90 m）,如图 2-27 所示。在副区,其内边界为全超障余度,逐渐向外减小至外边界为零。副区内任一点的最小超障余度的计算方法与最后进近航段相同。

复飞起始阶段的最低超障高度（OCA_m）,等于该复飞区内控制障碍物标高加上其最小超障余度（MOC）。如果 OCA_m 低于最后进近航段的最低超障高度（OCA_f）,在进行复飞爬升的

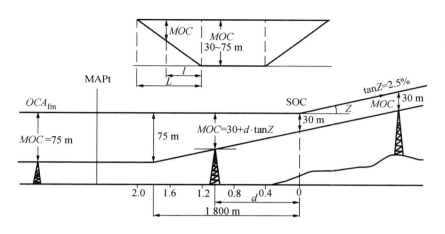

图 2-27 起始复飞的超障余度

计算时,应以 OCA_f 为爬升的起始高度;如果 $OCA_m > OCA_f$,则以 OCA_m 为准。这就是说,在 OCA_f 与 OCA_m 中,应以其中较大者作为最后进近和复飞的最低超障高度(OCA_{fm})。

(三)复飞爬升的超障余度

在中间复飞区的主区内,规定的最小超障余度为 30 m,在副区则由其内边界的 30 m 逐渐向外减至外边界为零,如图 2-28 所示。这一超障余度一直延伸到取得并能保持 50 m(主区)的超障余度为止。因此,在复飞爬升区内,障碍物的高(h_O)应低于或等于该处复飞爬升面的高($z_O = OCH_{fm} + d_O \cdot \tan Z - MOC$),即:

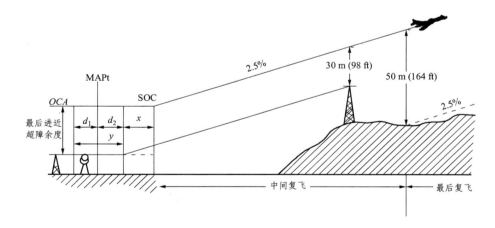

图 2-28 最后复飞阶段的超障余度

$$h_O \leqslant OCH_{fm} + d_O \cdot \tan Z - MOC$$

式中,d_O 为障碍物至 SOC 的水平距离(转弯小于 15°时,为障碍物至起始复飞区边界最近点的距离);$\tan Z$ 为复飞爬升梯度(标称梯度为 2.5%,可使用 2%~5% 的梯度);OCH_{fm} 为最后进近和起始复飞的最低超障高度(以机场标高为准,如果机场标高高于入口标高 2 m 以上时,则以入口标高为基准);MOC 为障碍物处的最小超障余度。

复飞航段的中间阶段,全超障余度为 30 m,最后阶段为 50 m。

例 5　MAPt 为 VOR,其坐标为(1 200,0),机场标高 0 m,B 类飞机,$OCH_f=100$ m,$\tan Z=2.5\%$,障碍物如表 2-7 所示:

表 2-7　例 5 的障碍物直角坐标参数(单位:m)

障碍物	X	Y	Z
01	-50	1 100	36
02	$-1\,000$	900	140

解

(1) 基本参数:

$$TAS=244\times[1.025\,7+(1.051\,1-1.025\,7)/5]=247\ \text{km/h}$$

$$d_{起}=(247+19)\times18/3.6=1\,332\ \text{m}$$

$$X_{soc}=X_{MAPt}-d_{起}=-132\ \text{m}$$

(2) O_1 在起始复飞段中。

$$MOC=30+(X_o-X_{soc})\times\tan Z=32\ \text{m}$$

$$L=1.9+(X_{MAPt}-X_o)\times\tan7.8=2\,072\ \text{m}$$

$$MOC'=2MOC\times(L-1)/L=30\ \text{m}$$

O_1 在副区内

$$OCH_f-MOC'=100-30=70\ \text{m},大于 Z_o。$$

O_1 为安全障碍物。

(3) O_2 在 SOC 点之后

$$OCH_f+d_o\times\tan Z-MOC=100+(-132+1\,000)\times2.5\%-30$$
$$=92\ \text{m},小于 Z_o(140\ \text{m})$$

O_2 为危险障碍物

(4) 调整 OCH_f

$$\Delta H=140-92=48\ \text{m}$$

调整后:

$$OCH_f'=100+48=148\ \text{m}(取整为 150\ \text{m})$$

四、转弯复飞的超障计算

有两种情况需要规定转弯复飞:一是为了重新进近、转至指定的等待定位点或转向航线飞行(飞往备降机场);二是为了避开直线复飞前方危及安全的障碍物。可以规定在指定高度转弯或在指定的转弯点转弯。如果规定转弯复飞,必须画出转弯复飞区,进行转弯复飞的超障计算,检查转弯复飞的超障余度。

整个仪表进近的最低超障高度(OCA/OCH),由最后进近和起始复飞的最低超障高(OCH_{fm})、中间和最后复飞所要求的最低超障高决定。为了取得最低的 OCA/H,可能需要调整转弯复飞的转弯高度或转弯点,这些参数可用试算法确定。

(一)转弯区参数及转弯边界画法

1. 转弯区参数

设计转弯区所依据的原始参数为:

① 高度,机场标高加上 300 m(1 000 ft),或确定的转弯高度。

② 温度,相当于上述转弯高度的 $ISA+15℃$。

③ 指示空速(IAS),是指使用规定的各类飞机最后复飞速度。如果为了避开障碍物需要缩小转弯复飞区时,可以使用低至中间复飞的较小的速度。

④ 转弯坡度。平均转弯坡度为 $15°$。

⑤ 风速(W)。有风的统计资料时,可用最大 95% 概率的全向风速;没有风的资料时则用 30 kn(56 km/h)的全向风速。

⑥ 定位容差。它取决于导航设施的精度和定位方式。

⑦ 飞行技术容差。驾驶员反应时间为 3 s,建立转弯坡度时间为 3 s。

上述参数可计算出画转弯复飞区的下列数值:

① 真空速 $TAS=IAS×$ 换算因素 (km/h);

② 转弯半径 $r=\dfrac{TAS^2}{127\ 094\ \tan\alpha}$ (km);

③ 转 $90°$ 弯风的影响 $E=\dfrac{90°}{R}\cdot W$ (km);

④ 飞行技术容差 $C=(TAS+W)×6/3\ 600$ (km)。

用于画转弯复飞区的参数值列于表 2-8。

表 2-8 用于画转弯复飞区的参数值(按 MSL 高度为 600 m 计算)

IAS (km/h)	TAS (km/h)	C (km)	R (°/s)	r (km)	E (km)
205	217	0.46	2.50	1.38	0.56
280	296	0.59	1.83	2.57	0.76
345	364	0.70	1.49	3.89	0.94
400	422	0.80	1.28	5.23	1.09
445	470	0.88	1.15	6.49	1.21
510	539	0.99	1.01	8.54	1.39

2. 转弯边界的画法

一种转弯边界的画法是在无风转弯航迹的基础上再加上全向风的影响,如图 2-29(a)所示,图中 $E_\theta=\dfrac{\theta}{90°}×E=\dfrac{\theta}{R}\cdot W$,是转过 θ 角受风影响的偏移量;另一种画转弯边界的方法是简易转弯螺旋线法(边界圆弧法),如图 2-29(b)所示。

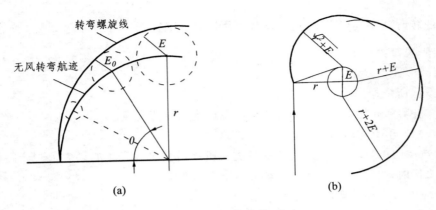

图 2-29 转弯边界的画法

(二) 在指定高度转弯

为了避开直线复飞前方的障碍物而规定在指定高度转弯复飞时,复飞程序必须要求飞机爬升到一个指定的高度后再开始转向规定的航向或电台,这一高度要能保证在转弯以后以适当的余度飞越转弯区内的所有障碍物。

设计在指定高度转弯复飞程序的根本任务,是通过反复试算的方法确定转弯高度和转弯方向。

1. 选择转弯方向和转弯点

为使飞机避开直线复飞前方的障碍物,应在作业图上根据障碍物的走向,初步画出转弯复飞区的边界线,量出边线与直线复飞航迹的夹角(α),然后选择最晚转弯点(TP晚)和转弯点(TP),如图 2-30 所示。

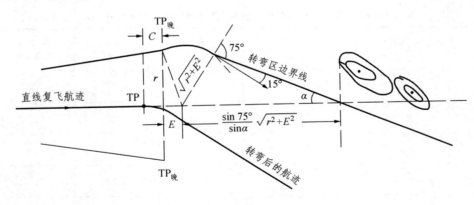

图 2-30 选择转弯方向和转弯点

要避开的障碍物与最晚转弯点之间要有足够的纵向距离,使该障碍物在绘制转弯区时能够排除在转弯区边界之外。该距离一般不小于

$$\frac{\sin 75°}{\sin \alpha} \sqrt{r^2 + E^2} + E \quad (\alpha \leqslant 75°)$$

为简化计算,可用较大的数值"$r+E$"来取代上式中的"$\sqrt{r^2+E^2}$"。

转弯点(TP)是在最晚转弯点(TP晚)之前、相当于 6 s 飞行技术容差(C)处。

46

2. 计算转弯高度或高（TA/TH）

选定转弯点（TP）以后，直线复飞的准则一直使用到 TP，就可以进行最后进近和直线复飞的超障计算，如图 2-31 所示，求出最后进近和直线复飞的最低超障高度或最低超障高（OCA_{fm}/OCH_{fm}），从而确定起始爬升点（SOC），然后按下式计算出初步的转弯高度或高（TA/TH）：

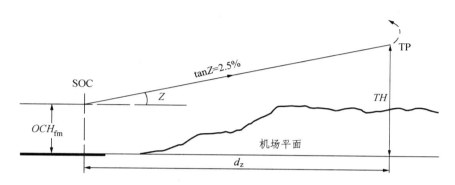

图 2-31　计算初步的 TA/TH

$$TA = OCA_{fm} + d_z \cdot \tan Z$$

或

$$TH = OCH_{fm} + d_z \cdot \tan Z$$

式中，d_z 为 SOC 至 TP 的水平距离；$\tan Z$ 为复飞爬升梯度，取 2.5%。

3. 画转弯复飞区

在指定高度转弯的安全保护区分为起始转弯区和转弯区两部分，如图 2-32 所示。

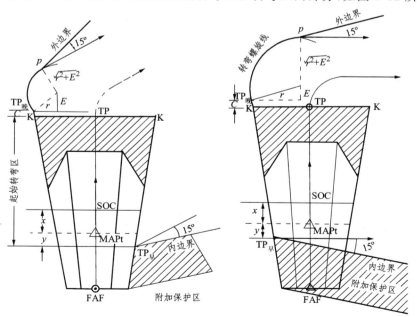

图 2-32　转弯复飞区（在指定高度转弯）

起始转弯区以直线复飞区边线为界,从最早转弯点($TP_{早}$)开始,到转弯点(TP)终止。最早转弯点 $TP_{早}$ 应位于最早复飞点(MAPt),这样,当飞机到达 MAPt,并在规定的转弯高度开始转弯时,就得到了安全保护。

转弯区的边界圆按简易转弯螺旋线法画出,从圆上的切点 P 画出转弯后的航迹平行线,然后向外扩张 15°,画出转弯区的外边界。转弯区内边界从最早 $TP_{早}$ 开始,以转弯后的航迹方向为基准,向外扩张 15°。为了对早转弯(MAPt 之前就开始转弯)提供安全保护,在最早 $TP_{早}$ 与 FAF 之间应增加一个附加保护区。

4. 检查转弯复飞的超障余度

如图 2-33 所示,起始转弯区的最小超障余度为 50 m,在起始转弯区内,各障碍物的标高或高应小于($TA/TH-50$) m。

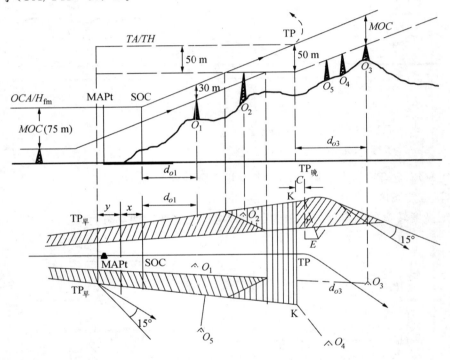

图 2-33　在指定高度转弯的超障余度

转弯区的最小超障余度(MOC)为 50 m(164 ft),如有副区,副区内任一点的超障余度

$$MOC' = \frac{L-l}{L/2} \times 50 \text{ (m)}.$$

在转弯区内(包括附加保护区),各障碍物的标高或高应小于 $TA/TH + d_O \cdot \tan Z - MOC$,式中,$d_O$ 为障碍物至起始转弯区边界最近点的距离,$\tan Z$ 为复飞爬升梯度,取 2.5%。

5. 转弯高度的调整

如果飞越起始转弯区和转弯区内的障碍物时,不能满足最小超障余度的要求,就应调整转弯高度,以达到最低超障标准。

调整高度的方法有以下三种:

① 提高转弯高度或高(TA/TH)而不改变最低超障高度或高(OCA/H_{fm})。这就要向直

线复飞方向移动转弯点,从而要重新画转弯复飞区和检查转弯复飞的超障余度。

如果新画的转弯复飞区未能将需要避开的障碍物排除在外,则可采用一个较小的速度(不得小于规定的中间复飞速度),以减小复飞区,从而避开前方需要避开的障碍物。

② 向直线复飞的反方向移动(后移)SOC以增大 d_z,从而提高转弯高度(TA/TH)。这就要使 MAPt 向同一方向移动,从而相应延伸起始转弯区和扩大转弯区。

SOC 需要移动的水平距离(Δd)取决于所要增加的高度(ΔH),即 $\Delta d = \Delta H \cdot \cot Z$,如图 2-34 所示。

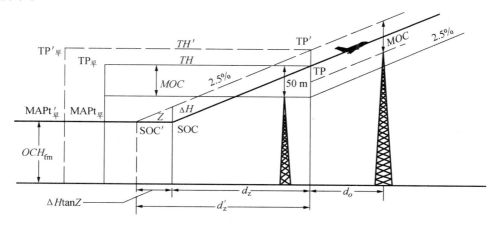

图 2-34 后移 SOC 以增大 d_z

③ 增加 OCA/OCH。这种方法最简单,但增加 OCA/H 后,机场最低运行标准也就相应提高。

对附加保护区内的障碍物如果不能提供规定的最小超障余度,则程序必须说明不得在 MAPt 之前开始转弯(禁止在复飞点之前转弯)。

(三) 在指定转弯点(TP)转弯

为了避开直线复飞前方的障碍物而规定在指定的转弯点转弯复飞时,必须在距前方障碍物有足够距离的地方,选择一个定位点作为转弯点,飞机到达转弯点时开始转向预定的航向或电台。

在指定转弯点转弯,直线复飞的准则使用到最早 TP,就可以进行最后进近和直线复飞的超障计算,求出最后进近和直线复飞的最低超障高(OCH_{fm}),从而确定 SOC,检查转弯复飞的超障余度。

1. 转弯点容差区

转弯点(TP)通常是由一个电台(VOR、NDB)或交叉定位点所确定。如果用飞越 VOR 或 NDB 台上空来确定转弯点,则 TP 定位容差区的纵向容差为 ± 0.5 n mile(± 0.9 km)(VOR台,过台高 750 m、半径圆锥角为 50°,NDB 为 1 100 m、40°)。用交叉定位点来确定转弯点时,其定位容差区的纵向限制如图 2-35(a)所示。

在没有复飞航迹引导时,可用一条 VOR 径向线、NDB 方位线或 DME 距离弧与标称复飞航迹相交来确定复飞转弯点,但这不是定位点,而是以如图 2-35(b)画出的一个假设的定位容差区来进行复飞计算。

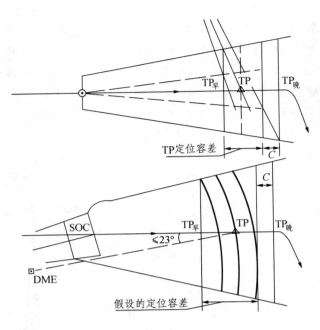

图 2-35 由交叉定位确定的 TP 容差区

2. 转弯复飞保护区

在指定 TP 转弯的转弯复飞区从最早 TP(KK 线)开始,包括 TP 定位容差区、飞行技术容差(反应和建立坡度的 6 s 容差 C)和转弯区及其后的保护区,有以下几种情形。

(1) TP 是电台(VOR 或 NDB)

如果用一个电台(VOR/NDB)来确定转弯点时,转弯以后一般使用背台出航的区域,但为了适应过台,转弯会偏离电台,必须加宽转弯外侧的区域。保护区的画法如图 2-36 所示。

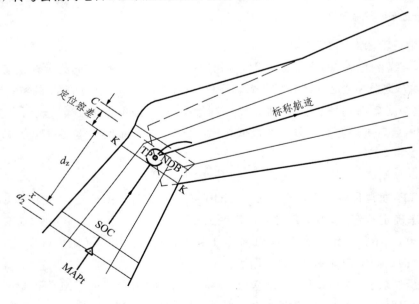

图 2-36 TP 是电台的转弯复飞区

（2）TP 是交叉定位点

TP 是交叉定位点时,转弯复飞区的画法如图 2-37 所示。其中,边界圆按简易转弯螺旋线法从最晚 TP 画出,直到圆的切线平行于转弯后的复飞航迹的 P 点,然后从该点向外扩张 15°画出外边界。内边界由最早 TP(K 点)向复飞航迹外侧扩张 15°画出。如果转弯后能取得航迹引导,区域可以缩减。

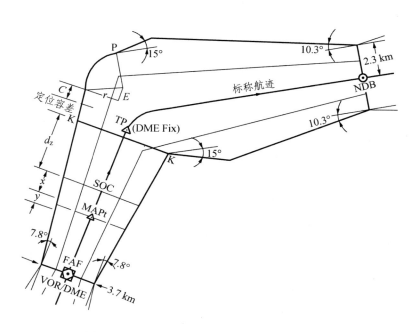

图 2-37　TP 是交叉定位点的转弯复飞区

转弯大于 90°,或转弯回至电台(FAF)时,转弯复飞区的画法如图 2-38 和图 2-39 所示。

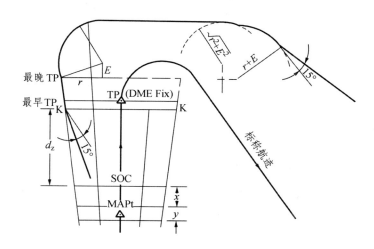

图 2-38　转弯角度大于 90°的转弯复飞区

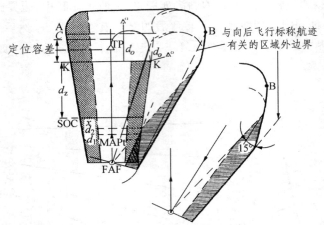

注：必须明确规定回至电台的标称航迹

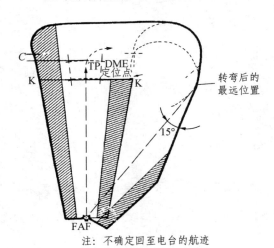

注：不确定回至电台的航迹

图 2-39　回至电台（FAF）的转弯复飞区

3. 检查转弯区的超障余度

在转弯复飞区主区内，规定的最小超障余度（MOC）为 50 m，如有副区，则 MOC 从副区内边界向外减小至外边界为零。副区在飞机得到航迹引导时立刻开始建立（无航迹引导不分副区）。

转弯复飞区内的障碍物，其标高或高（h_O）应小于该处复飞爬升面的高度或高，即：

$$h_O \leqslant OCH_{\mathrm{fm}} + (d_z + d_O)\tan Z - MOC$$

式中，d_z 为 SOC 至最早 TP(KK 线)的水平距离；d_O 为障碍物至 KK 线的最短距离；$\tan Z$ 取 2.5%。

如果不能满足上述要求，就应调整 TP 或 MAPt（连同 SOC）的位置，或者提高 OCH_{fm} 以达到规定的最低超障标准。

经过最后进近、直线复飞和转弯复飞的超障计算而最终确定的 OCA/H，就是仪表进近程序所公布的最低超障高度或高，该高度以 5 m 或 10 ft 向上取整。

52

第四节　目视盘旋进近

由于地形障碍物等因素的影响,使直线进近的航迹对正、航段长度或下降梯度超过规定的标准时,应建立目视盘旋进近。对于直线进近,也应计算和公布目视盘旋的最低超障高度或高,以备必要时进行反向目视着陆之用。

目视盘旋进近是紧接最后进近的仪表飞行部分之后,在着陆前围绕机场所进行的目视机动飞行(沿与起落航线相一致的目视盘旋航线着陆)。在目视机动飞行的过程中,必须对跑道保持能见。

一、航迹对正

目视盘旋进近的仪表飞行部分,其航迹最好对正着陆区中心。如果做不到这点,可对正可用着陆道面的某一部分,万不得已时也可以对正机场边界以外,但不得超过可用着陆道面 1.0 n mile(1.9 km)以外,如图 2-40 所示。

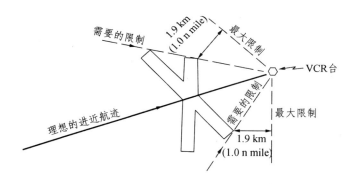

图 2-40　目视盘旋进近的航迹对正

二、目视盘旋区

飞机在着陆前进行目视机动飞行的超障区,其大小取决于飞机的分类。不同类型飞机的区域限制,是以每条可用跑道的入口中心为圆心,用相应区域的半径(R)画出的圆弧及其公切线所围成的区域,如图 2-41 所示。绘制某类飞机的区域时,对于该类飞机不能使用的跑道不画圆弧,如图 2-41(a)(E 类飞机目视盘旋区)中,E 类飞机不能使用南北向的两条跑道,所以没有画出圆弧。

目视盘旋区半径(R),等于各类飞机的两倍转弯半径(r)加上一段直线段(d),即:

$$R = 2r + d$$

它所依据的参数是:

① 速度,即程序设计所规定的各类飞机目视盘旋的最大速度(IAS)。该速度要根据机场标高加 300 m 的高度及其标准气温加 15℃(ISA+15℃),换算为真空速(TAS)。

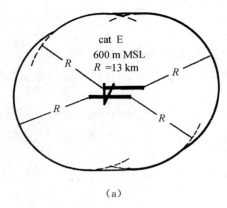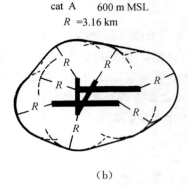

| (a) | (b) |

图 2-41　目视盘旋区

② 坡度,即转弯坡度平均为 20°,或取得 3°/s 转弯率的坡度,以其中坡度较小者为准($TAS<250$ km/h 时,取 3°/s 转弯率的坡度;$TAS\geqslant250$ km/h 时,取平均坡度 20°)。

③ 风。在整个转弯过程中,使用 46 km/h(25 kn)的全向风速。

转弯半径(r)根据上述参数按下列公式计算:

$$r=\frac{1}{20\pi\times3°/\mathrm{s}}(TAS+46)$$

$$=0.005\ 31(TAS+46)\quad(\mathrm{km})\quad(\mathrm{A\ 类飞机},TAS<250\ \mathrm{km/h})$$

或

$$r=\frac{1}{127\ 094\tan20°}(TAS+46)^2$$

$$=0.216\ 2\times10^{-4}(TAS+46)^2\quad(\mathrm{km})\quad(\mathrm{B、C、D、E\ 类飞机},TAS\geqslant250\ \mathrm{km/h})$$

直线段相当于以盘旋进近最大真空速飞行 10 s 的距离,即:

$$d=TAS\times10/3\ 600\quad(\mathrm{km})$$

当机场气压高度为 600 m 时,各类飞机的区域参数如表 2-9 所示。

表 2-9　各类飞机的区域参数

飞机分类/IAS(km/h)	A/185	B/250	C/335	D/380	E/445
$TAS+46$ （km/h） （$TAS=1.054\ 6IAS$）	241	310	400	448	516
转弯半径 r （km）	1.28	2.08	3.46	4.34	5.76
直线段 d （km）	0.56	0.74	0.93	1.11	1.30
区域半径 $R=2r+d$ （km）	3.12	4.90	7.85	9.79	12.82

三、超障余度

目视盘旋区内的最小超障余度(MOC)如表 2-9 所示。根据表 2-9 所列的超障余度可计算出最低超障高（等于目视盘旋区内最高障碍物高加上 MOC），如果低于表中所列的最低超障高（OCH），则应以表中所列的 OCH 为准。表 2-10 中的能见度是假定飞行员在表中所列的 OCH 情况下具有的最低能见度，它只作为程序设计专家感兴趣的资料，不应把它认作最低标准。

表 2-10　盘旋进近的超障余度

飞机分类	MOC(m/ft)	最低 OCH(m/ft)	最低能见度(n mile/km)
A	90/295	120/394	1.0/1.9
B	90/295	150/492	1.5/2.8
C	120/394	180/591	2.0/3.7
D	120/394	210/689	2.5/4.6
E	150/492	240/787	3.5/6.5

在最后进近区和复飞区之外的目视盘旋区内，按照附件 14 规定的仪表进近面的大小所确定的扇区内如果存在显著的障碍物时，可以不考虑其超障余度，但公布的程序必须禁止驾驶员在该扇区内做目视盘旋飞行，如图 2-42 所示。

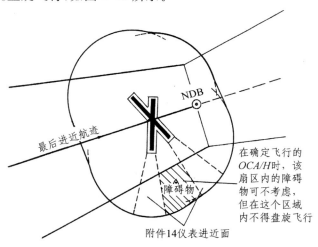

图 2-42　禁止目视盘旋飞行的区域

所公布的各类飞机目视盘旋进近的 OCA/H，不应低于同类飞机直线进近的 OCA/H。

四、下降梯度

目视盘旋进近仪表飞行部分（最后进近航段）的下降梯度，根据该航段的长度和所要下降

的高度计算,即:

$$盘旋进近下降梯度 = \frac{飞越\ FAF\ 的高 - 目视盘旋\ OCH}{FAF\ 至可用道面最早点的距离} \times 100\%$$

这一梯度最佳为 5%,最大不应超过 6.5%。

目视机动飞行不绘制特定的复飞区。

五、使用规定航迹的目视机动飞行

在能清楚确定目视地标的地方,如果运行上需要,除盘旋区之外,可规定一个具体的目视机动飞行航迹。

这种程序被各个航空器分类或分类组(如 A 类和 B 类为一组)描绘在特殊的图上,表示确定航迹所用的目视地标或接近航迹的其他有特点的地形。应当注意:① 这种程序主要用于目视参考航行,任何无线电导航信息只作为参考;② 这种程序使用正常仪表程序的复飞程序,但是在为机动飞行提供规定航迹时,应考虑加入规定航迹程序的下风边(三边)或按仪表复飞航迹爬升到安全高度/高。机组必须熟悉在为这种程序规定的最低运行标准的天气条件下所用的地形和目视的地标。

(一)标准航迹

常用的规定航迹目视机动飞行的方式如图 2-43 所示。这种程序必须在图上明确表示每个航段的长度和方向,如果规定速度限制,也必须在图中公布。

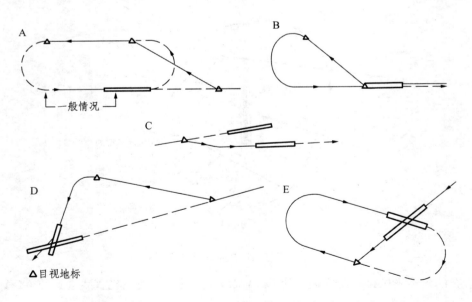

图 2-43 常用的规定航迹的目视机动飞行

为简单起见,建议所有航空器使用一条航迹,或在不致引起运行的制约时为 A/B 类规定一条航迹,而为 C/D/E 类航空器规定另一条航迹。标准航迹的一般情况如图 2-44 所示。

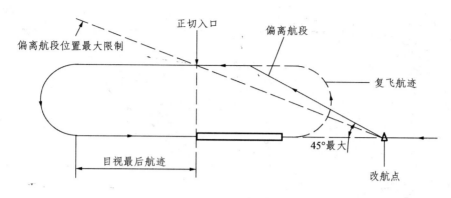

图 2-44　标准航迹的一般情况

改航点必须用一个能清楚辨认的目视地标确定,如果需要用一个无线电定位补充,其定位容差应小于 0.5 n mile,如中指点标或 DME 距离。

最后航段的长度计算要考虑在入口以前有 30 s 的飞行距离。最后进近的最佳下降梯度为 5%,如有必要可考虑使用 10% 的下降梯度。

（二）与规定航迹有关的超障区域

区域是以标称航迹为中心的固定宽度的走廊,该走廊从改航点开始并保持规定航迹,包括为第二次按规定航迹目视飞行的复飞,如图 2-45 所示。

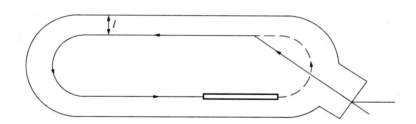

图 2-45　与规定航迹有关的超障区域

图 2-45 中,走廊的宽度"l"按照航空器的分类规定为:A 类 1 400 m,B 类 1 500 m,C 类 1 800 m,D 类 2 100 m,E 类 2 600 m。

按照本章准则完成非精密进近程序设计以后,应当绘制仪表进近图上报审批并公布,如图 2-46 所示。

AERODROME ELEV 786
HEIGHTS RELATED TO
THR RWY13 ELEV 777

ATIS 126.45
APP01 119.2(125.55)
APP02 119.55(125.55)
TWR 118.25(124.35)

ZBYN TAIYUAN/Wusu
VOR/DME RWY13

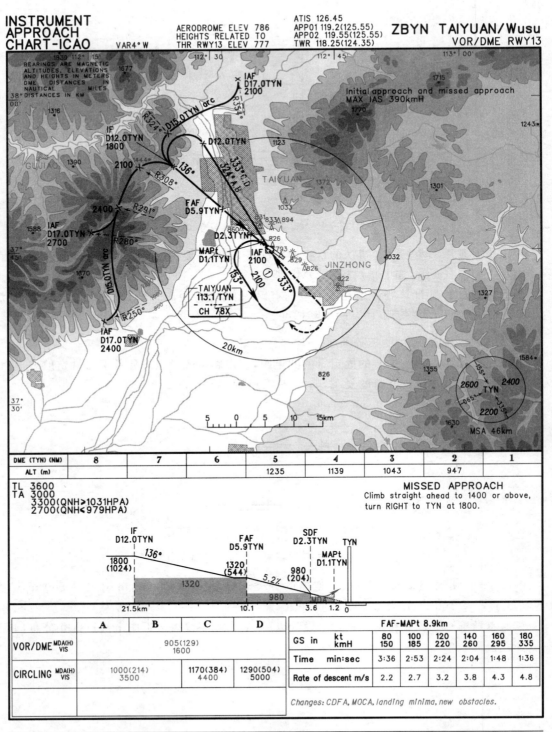

DME (TYN) (NM)	8	7	6	5	4	3	2	1
ALT (m)				1235	1139	1043	947	

TL 3600
TA 3000
3300(QNH>1031HPA)
2700(QNH<979HPA)

MISSED APPROACH
Climb straight ahead to 1400 or above,
turn RIGHT to TYN at 1800.

	A	B	C	D
VOR/DME MDA(H) VIS		905(129) 1600		
CIRCLING MDA(H) VIS	1000(214) 3500		1170(384) 4400	1290(504) 5000

GS in	kt / kmH	80 150	100 185	120 220	140 260	160 295	180 335
FAF-MAPt 8.9km							
Time	min:sec	3:36	2:53	2:24	2:04	1:48	1:36
Rate of descent m/s		2.2	2.7	3.2	3.8	4.3	4.8

Changes: CDFA, MOCA, landing minima, new obstacles.

2014-4-15   EFF1405281600   中国民用航空局CAAC   ZBYN AD2.24-10C

(a)

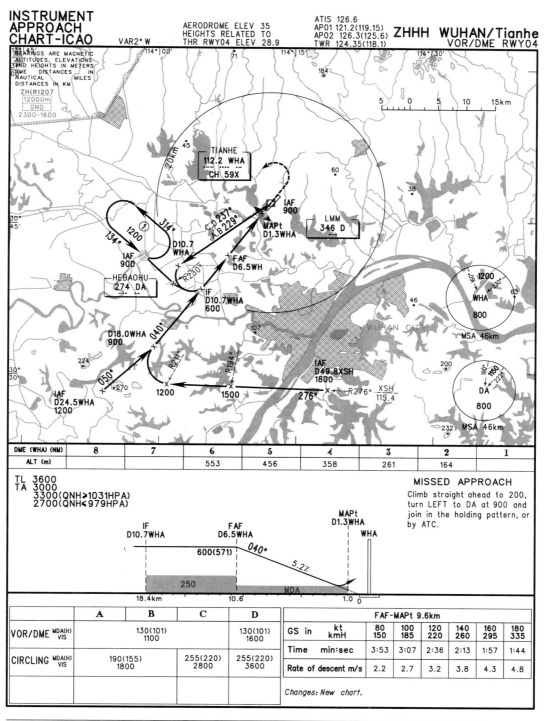

图 2-46 非精密进近仪表进近图举例

59

复习思考题

2-1　简述基本概念：MOC；OCA/OCH；梯级下降定位点；目视盘旋进近。

2-2　起始进近航段沿直线航线进近的各航段的建立准则(航迹对正、航段长度、下降梯度)是什么？

2-3　简述起始进近航段沿直线航线(或 DME 弧)进近的各航段保护区的绘制方法和对 MOC 的规定。

2-4　简述对直线复飞各航段的超障余度(MOC)的规定和障碍物检查的基本方法。

2-5　简述绘制转弯复飞保护区的主要影响因素和基本方法。

2-6　简述目视盘旋进近的航迹对正规定及各型飞机盘旋区内的 MOC 和最小 OCH 规定。

2-7　起始进近航段，VOR 在 IF，IAF 至 IF 的距离为 96 km，请绘制起始进近航段的保护区图(比例尺 1：50 万)，并计算该航段内的 OCA。如表 2-11 所示，其中 l(km)为障碍物距进近航迹的垂直距离；d(km)为障碍物沿进近航迹距导航台的距离；H(m)为障碍物标高。

表 2-11　题 2-7 的参数

障碍物	d(km)	l(km)	H(m)	MOC	OCA	取整
O_1	80	8.2	930			
O_2	65	-9	980			
O_3	63	4	600			
O_4	35	-8	1 000			

2-8　中间进近航段，VOR 在 FAF，FAF 距 IF 为 9 n mile，机场标高为 200 m，已知障碍物：O_1($l=0.5$ n mile，$d=3$ n mile，$H=340$ m)，O_2($l=3.2$ n mile，$d=4.5$ n mile，$H=390$ m)，O_3($l=2.7$ n mile，$d=6$ n mile，$H=370$ m)。求 OCA。

2-9　最后进近航段，FAF 为 VOR，FAF 距入口 9 500 m，$OCH_中=500$ m，下降梯度 5.1%，障碍物如表 2-12 所示，求 OCH。

表 2-12　题 2-9 的参数

障碍物	x(m)	y(m)	z(m)
O_1	9 200	在主区	230
O_2	8 900	在主区	200
O_3	3 000	在主区	23

第三章 反向和直角航线保护区的设计

反向和直角航线程序,是按规定高度切入中间或最后进近航迹之前所进行的一种机动飞行,即仪表进近程序的起始进近所采用的不同方式。反向和直角航线程序各航段的最小超障余度(MOC)和程序最低超障高度(OCA)的计算,与前述的直线航线程序完全相同,只是反向和直角航线程序的安全保护区与直线航线程序的安全保护区有着很大的差别。因此,本章只着重说明反向和直角程序设计的有关准则及其保护区设计所依据的参数和方法,对于超障的计算则不再重复。

第一节 程序设计的有关准则和区域参数

一、反向和直角航线的构成

(一)反向程序的应用及构成

1. 应 用

反向程序是由出航航迹和转至向台(入航)航迹的转弯(入航转弯)所构成,用于以下情况:

① 起始进近从位于机场或机场附近的电台(或定位点)开始时;

② 在中间定位点(IF)要求进行大于 70°的转弯而又没有适当的电台提供提前转向中间航段的径向线、方位线或 DME 距离时;

③ 在中间定位点(IF)需要进行大于 120°(ILS 进近为 90°)的转弯因而不能建立直线航线程序,也不能提供雷达向量或推测(DR)航迹时。

2. 构 成

反向程序可以采用下述的基线转弯(修正角航线)、45°/180°程序转弯和 80°/260°程序转弯三种方式。在反向程序之前,往往是位置适当的等待航线。

(1)基线转弯(修正角程序)

基线转弯的开始点必须是电台。飞机按规定高度(起始高度)飞越电台后,沿出航航迹飞行规定的时间(出航时间 t),并下降到切入向台航迹的规定高度,接着转弯切入向台航迹,如图 3-1 所示。

(2)45°/180°程序转弯

45°/180°程序转弯的开始点是个电台或定位点,飞机从电台或定位点起计时出航飞行,并

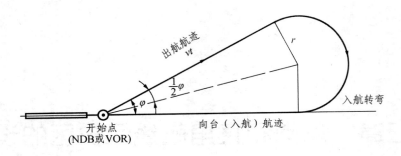

图 3-1 基线转弯

下降高度,而后向左或右做 45°转弯,从开始转弯起计时飞行 60 s(A、B 类飞机)或 75 s(C、D 类飞机)后,接着向相反方向做 180°转弯飞向向台(入航)航迹,如图 3-2(a)所示。飞机从开始 45°转弯到开始 180°转弯之间的飞行时间,应足以保证在改为 180°转弯时不致错过向台(入航)航迹。这期间可以继续下降到规定的向台高度。

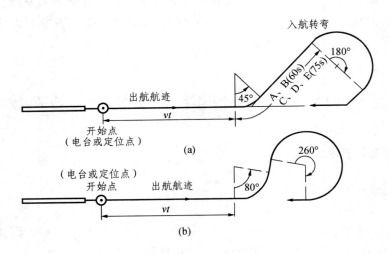

图 3-2 反向程序

(3) 80°/260°程序转弯

80°/260°程序转弯的开始点是个电台或定位点,程序包括从电台或定位点起计时飞行,并下降到规定的向台高度,而后向左或右做 80°转弯,紧接着向反方向做 260°转弯切入向台(入航)航迹,如图 3-2(b)所示。

3. 基线转弯程序的标准航迹参数

基线转弯的出航(背台)航迹与向台航迹之间的夹角(偏置角或修正角 φ),取决于出航时间(t)、飞机的真空速(v)和转弯坡度(α)。这一角度使得飞机沿出航航迹飞行规定的时间后开始以规定的速度和坡度转弯,在转至向台航向改平时正好切到向台航迹上。

(1) 反向和直角航线程序规定的最大下降率

由于各类飞机的速度大小不同,同样的出航时间,航迹的长度(vt)是不一样的,如果下降同样的高度,下降梯度将各不相同。因此,不可能为反向或直角航线程序规定一个下降梯度,而是用规定的最大下降率来代替。各类飞机出航和入航的最大下降率的规定如表 3-1 所示。

表 3-1　反向或直角航线规定的最大/最小下降率

航迹	飞机	最大	最小
出航航迹	A/B 类 C/D/E/H 类	245 m/min（804 ft/min） 365 m/min（1 197 ft/min）	N/A N/A
入航航迹	A/B 类 H 类 C/D/E 类	200 m/min（655 ft/min） 230 m/min（755 ft/min） 305 m/min（1 000 ft/min）	120 m/min（394 ft/min） N/A 180 m/min（590 ft/min）

（2）反向或直角航线程序的出航时间（t）规定

反向或直角航线程序的出航边的飞行时间，可根据下降的需要，从 1～3 min，以 0.5 min 为增量规定之（出航时间延长到 3 min 是很例外的情况）。如果空域紧张，为缩减保护区，可对不同分类的飞机规定不同的出航时间。如果由于空域紧张出航时间不可能延长至 1 min 以上时，则可根据需要下降的高度和规定的下降率，确定沿直角航线飞行一圈以上。反向或直角航线程序必须根据出航航段和入航航段（两次过台）所要下降的高度和规定的最大下降率（V_z）计算出最小出航时间，如图 3-3 所示，即：

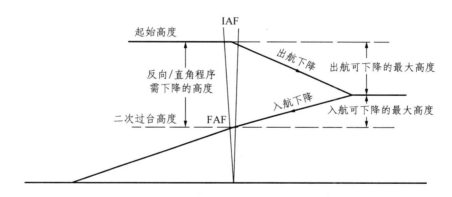

图 3-3　反向或直角程序的最大下降高度和最小出航时间

$$最小出航时间 = \frac{起始高度 - 第二次过台高度}{出航最大 V_z + 入航最大 V_z} \quad （min）$$

计算值应按 0.5 min 向上取整，反向或直角航线程序所规定的出航时间不得少于这一最小数值（经取整后）。为不同分类的飞机规定不同的出航时间时，各类飞机的出航航迹和飞行时间应分别予以公布。

如果有位置适当的导航设施可供利用时，反向和直角航线程序的出航航迹的长度，可规定一个 DME 距离或一条径向线（方位线）加以限制。飞行中驾驶员将根据仪表的指示确认到达规定的限制线时开始入航转弯，而不是根据飞行时间来控制开始转弯时机。

（3）基线转弯程序的出航偏置角（φ）

φ 角的大小可按下式计算：

$$\tan \frac{\varphi}{2} = \frac{r}{vt} = \frac{v}{gt \cdot \tan \alpha}$$

或 $$\tan\frac{\varphi}{2} = \frac{1}{t \cdot \tan R}$$

式中，g 为重力加速度，等于 9.806 65 m/s²；R 为转弯率，即转弯角速度(°/s)。

实际应用时，上述公式应根据 α 或 R 的规定数值加以简化。例如：

- A/B 类飞机($TAS \leqslant 315$ km/h)　$\varphi = 36/t$；
- C/D 类飞机($TAS > 315$ km/h)　$\varphi = 0.116 TAS/t$。

4. 反向程序的进入

反向程序的进入航迹必须在该程序出航航迹±30°以内，但对于基线转弯，如果±30°的进入扇区不包含入航航迹的反方向，则应扩大到包含入航航迹的反方向在内，如图 3-4 所示。如果反向程序与一个位置适当的等待程序相结合，则可以按进入等待程序(直角航线)的方法全向进入反向程序，如图 3-5 所示。

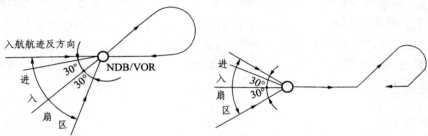

图 3-4　进入反向程序的扇区

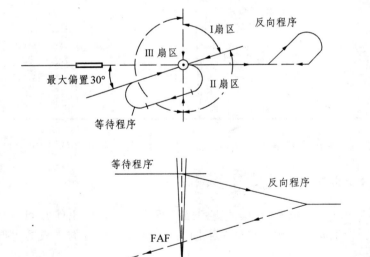

图 3-5　等待程序的全向进入与反向程序相结合

(二) 直角航线程序的应用及构成

1. 应　用

在仪表进近程序的设计中，如果直线航段没有足够的距离来适应消失高度的要求而又不适合于建立反向程序时，可建立直角航线程序。为了增大运行上的机动性，也可以用直角航线程序作为反向程序的备份。

2. 构 成

直角航线程序的开始点是个电台或定位点，由出航转弯、出航航段和入航转弯所构成，如图 3-6 所示。飞机保持出航航向以规定高度通过起始点上空后，开始向右或左做 180°转弯进入出航航迹（向右转弯为右航线，向左转弯为左航线），沿出航航迹（三边）飞行规定的时间并下降到规定的高度后，接着向同一方向做 180°转弯切入中间或最后航段（入航航迹）。

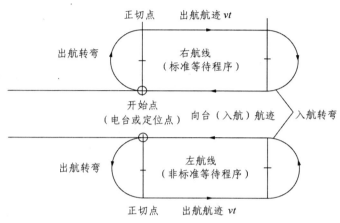

图 3-6　直角航线程序

以电台作为起始点的直角航线程序，出航计时是从正切电台或转弯到出航航向时开始，以发生较晚者为准。如果以定位点为起点，则计时是从转至出航航向时开始。直角航线出航时间的计算和确定方法与反向程序的有关规定相同。为了防止在入航转弯以前穿越规定的入航航迹，第三边（出航航段）的飞行必须修正风的影响。

二、等待程序

等待程序是指航空器为等待进一步放行而保持在一个规定空域内的预定的机动飞行。

（一）构 成

1. 常规的等待程序

等待航线的形状和有关术语如图 3-7 所示。

等待程序的出航时间与飞行高度有关，在 14 000 ft(4 250 m)或以下为 1 min，14 000 ft(4 250 m)以上则飞行 1.5 min。出航飞行（三边）计时的开始，是在转至出航航向或正切定位点，以发生较晚者为准。如果不能确定正切位置，则在完成出航转弯至出航航向即开始计时。

如果出航航段的长度由 DME 确定，则到达 DME 限制距离，出航段即终止。

在背台等待情况，如果从等待定位点至 VOR/DME 台的距离较短，可规定一条限制径向线。在需要限制空域的地方，也可规定一条限制径向线。如果飞行中首先遇到限制径向线，则应跟随这条径向线直至开始入航转弯，如果有限制 DME 距离，则最晚在到达限制 DME 距离时开始转弯。如果因各种原因飞行员不能遵守在正常条件下制定的各种特定的等待航线，应

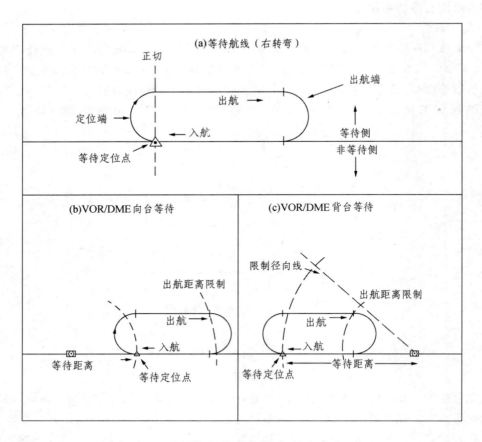

图 3-7 右等待航线的形状和有关术语

尽早通知空中交通管制。

2. 以 VOR/DME 为基准的区域导航(RNAV)等待程序

航空器装有 RNAV 系统,并经国家批准达到适当的 RNAV 运行水平,可使用这种系统进行 VOR/DME RNAV 等待。RNAV 等待程序的设计可使用一个或两个航路点,也可提供区域等待,如图 3-8 所示。

(二)等待或直角航线程序的进入

1. 以电台为起点的进入

如果等待或直角航线程序的起始点是个电台,可以根据航向与下述三个扇区的关系,采用全向进入直角航线的方法。如果起始点是 VOR 交叉定位点或 VOR/DME 定位点,则沿径向线或 DME 弧进入。为了节省空域,也可限制在特定的航线进入,如果有这种限制,则进入航线应规定在程序内。

(1)进入扇区的划分

直角航线进入扇区的划分如图 3-9 所示:以起始点为圆心,入航航迹为基准,向直角航线程序一侧量取 70°并通过圆心画出一条直线,该直线与入航航迹反向线将 360°的区域划分为三个扇区,第一扇区 110°,第二扇区 70°,第三扇区 180°,各扇区还应考虑其边界两侧各 5°的机动区。

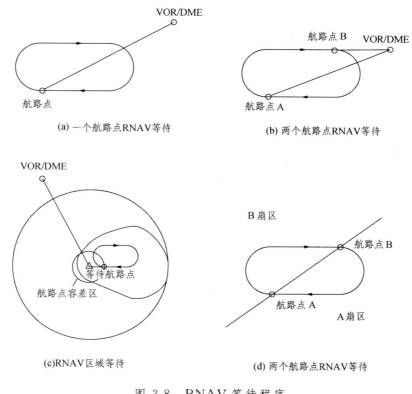

(a) 一个航路点RNAV等待　　　　　　　　(b) 两个航路点RNAV等待

(c)RNAV区域等待　　　　　　　　　　　(d) 两个航路点RNAV等待

图 3-8　RNAV 等待程序

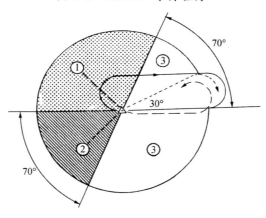

图 3-9　进入扇区的划分

（2）进入方法

第一扇区平行进入，飞机到达起始点后，转到出航航向飞行适当的时间或距离，而后向左（右航线）或右（左航线）转至航线一侧切入向台航迹或回到定位点（采用直角航线的进近程序必须先切入入航航迹而后飞向起始定位点），第二次飞越起始定位点时向右（右航线）或向左（左航线）转弯加入直角航线飞行。

第二扇区偏置进入，飞机到达起始定位点后，向航线一侧转弯，保持 30°偏置角的航向飞行适当的时间或距离，而后转弯切入向台（入航）航迹，第二次飞越起始定位点时转弯加入直角航线飞行。从第二扇区偏置进入时，在 30°偏置航迹上的飞行时间不应超过 1.5 min。如果出航时间仅为 1 min，则在 30°偏置航迹上也只飞行 1 min；如果出航时间大于 1.5 min，则在 30°偏置航迹上飞行 1.5 min 后，应转至出航航向飞行其余的时间。

第三扇区直接进入，飞机到达起始定位点后，右转弯（右航线）或左转弯（左航线）直接进入第三边（出航航迹）加入直角航线飞行。

加入直角航线程序的所有机动飞行应尽可能在向台（入航）航迹的直角航线一侧进行。

2. VOR/DME 等待的特殊进入

到达 VOR/DME 等待航线可以是沿入航航迹的轴线、沿规定的航迹，或者如果航空器必须建立在规定的受保护的飞行航迹上，则使用雷达引导进入，如图 3-10 所示。

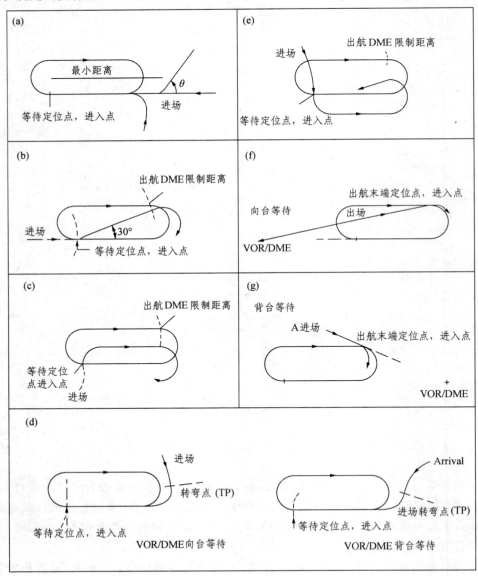

图 3-10 VOR/DME 等待进入程序

到达 VOR/DME 等待航线的进入点可以是等待定位点或在出航段末端的定位点。以等待定位点为进入点时,通常使用入航段的 VOR 径向线或确定等待定位点的 DME 弧进入;以出航末端为进入点时,通常使用通过出航段末端定位点的 VOR 径向进入。

用于引导进场至 VOR/DME 等待的 DME 弧,半径不得小于 18.5 km(10 n mile)。

进场航段至进入点为止的最后段,其最小长度是随最后航段与前航段或雷达引导航径的交角 θ 而变化的。切入角(θ)与最小距离的规定是:0°～70°为 4 n mile;71°～90°为 5 n mile;91°～105°为 7 n mile;106°～120°为 9 n mile。

三、区域参数

反向和直角航线所要求的保护区,应根据下述区域参数确定。

1. 高 度
指反向或直角航线程序的起始高度,即离平均海平面的气压高度(MLA)。

2. 温 度
指规定高度上的国际标准的大气温度 ISA＋15℃。

3. 指示空速(ISA)
指表 1-1 中所示的各类飞机反向或直角航线程序使用的最大速度。这一速度应根据上述高度和温度换算为真空速(TAS)。

设计等待区所用的指示空速如表 3-2 所示。区域应按能容纳高速类飞机的情况来设计,尽管在基于低速飞机(165 km/h 或 90 kn)的区域,其某些部分在强风条件下可能比设计的区域大,但经驾驶员在飞行中的修正可以使飞机保持在所设计的区域内。

表 3-2 设计等待区的指示空速

高度层(Levels)①	正 常 条 件	颠 簸 条 件
≤14 000 ft(4 250 m)	425 km/h(230 kn) 315 km(170 kn)②	520 km/h(280 kn) 315 km/h(170 kn)
14 000～20 000 ft(6 100 m)	445 km/h(240 kn)	520 km/h(280 kn) 315 km/h(170 kn)② 或 0.8 Mach,以较小者为准
20 000～34 000 ft(10 350 m)	490 km/h(265 kn)	
＞34 000 ft(10 350 m)	0.83 Mach	

注:① 表列的高度层(Levels)代表"高度"或"飞行高度层",这取决于高度表的拨正值。
　　② 该速度仅对设计 A、B 类飞机的等待区行使。

4. 转弯坡度
指平均为 25°的坡度或 3°/s 转弯率的坡度,以二者中较小的坡度为准(TAS≤315 km/h 时,使用转弯率为 3°/s 的坡度;TAS＞315 km/h 时,则使用平均坡度 25°)。

5. 风速(W)

规定高度(H)上的全向风速。如果有风的统计资料,可使用最大 95％概率的全向风,如果没有统计资料,则采用下列公式计算的全向风速:

$$W = 12H + 87 \quad (km/h) \quad (H\ 单位为\ km)$$
$$W = 2H + 47 \quad (kn) \quad (H\ 单位为千英尺)$$

6. 定位容差

取决于导航设施的精度及定位方式等。

7. 飞行技术容差

包括:

① 驾驶员反应时间(0～+6 s);

② 建立坡度时间(+5 s);

③ 出航计时容差(±10 s);

④ 航向容差(±5°)。

这些容差在区域设计时的应用如图 3-11 所示。

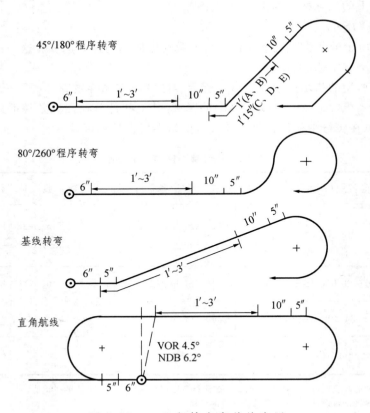

图 3-11　飞行技术容差的应用

在进行区域设计时,应根据上述参数计算出飞机的转弯半径及其他绘制区域所必需的数据。

第二节　反向程序保护区的设计

反向程序的超障区的设计,是以飞机分类的速度和坡度、导航设施容差、飞行技术容差以及风的影响等因素为依据,先计算出绘制区域所必需的各项数据,然后采用容差叠加的方法设计出超障区的模板,再利用模板在相应的航图上画出主要区。具体的步骤和方法分别按基线转弯和程序转弯举例说明如下。

一、基线转弯保护区

基线转弯保护区设计如图 3-12 所示。以 B 类飞机为例,其起始高度为 1 850 m,出航时间 $T=2$ min,开始点为 NDB。

高度: 1 850 m (6 000 ft)

IAS: 260 km/h (140 kn)

出航时间: 2 min

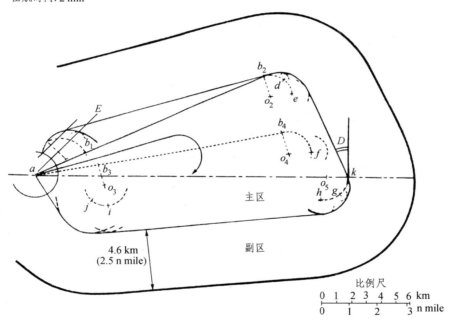

图 3-12　基线转弯保护区

（一）标称航迹

画直线为程序的轴线,a 点为开始点,画出标称出航航迹和入航转弯航迹的参数如下:

$$TAS=IAS\times K=1.124\ 4\times260/3.6=292.34\div3.6=81.1\ \text{m/s}$$

$$R=\frac{6\ 355\cdot\tan\alpha}{\pi\cdot TAS}=3.28°/\text{s}(取\ 3°/\text{s})$$

$$r=\frac{TAS}{20\pi R}=1.549\ \text{km}$$

$$L=TAS\times T=81.1\times120=9\ 732\ \text{m}(出航边长度)$$

$$\varphi = \frac{36}{T} = 18° \text{（偏置角）}$$

（二）定位容差

由 a 点在标称出航航迹两侧各画一条直线，与出航航迹成 6.9°，在两条直线上确定 b_1、b_2、b_3 和 b_4 点。

- 定位容差　$Z_N = H \times \tan 40° = 1\,850 \times 0.839\,1 = 1\,552$　（m）。
- 风　$W = (12H+87)/3.6 = (12 \times 1.850+87)/3.6 = 30.3$　（m/s）。
- 出航边精度　NDB 为 $\pm 6.9°$。
- 出航边最小长度（考虑驾驶员反应时间为 0 s，建立坡度时间为 5 s，出航边计时容差为 -10 s，电台容差为 $-Z_N$，逆风 $-W$）：

$$\begin{aligned} ab_1 = ab_3 &= (T-10+5) \times (TAS-W) - Z_N \\ &= (120-10+5) \times (81.1-30.3) - 1\,552 = 4\,290 \quad \text{（m）} \end{aligned}$$

- 出航边最大长度（考虑驾驶员反应时间为 6 s，建立坡度的时间为 5 s，出航边计时容差为 $+10$ s，电台容差为 $+Z_N$，顺风 $+W$）：

$$\begin{aligned} ab_2 = ab_4 &= (T+10+6+5) \times (TAS+W) + Z_N \\ &= (120+10+6+5) \times (81.1+30.3) + 1\,552 = 17\,259 \quad \text{（m）} \end{aligned}$$

如果出航边长度由 DME 限定时，其最小或最大长度为：

$$ab_1 = ab_3 = D - d + (TAS-W) \times 5$$
$$ab_2 = ab_4 = D + d + (TAS+W) \times 11$$

式中，D 为出航边标准长度；d 为 DME 定位容差。

（三）转弯中风的影响

由 b_2 沿垂直于标称出航航迹量取等 r 的长度确定圆心 o_2，以 r 为半径从 b_2 起作圆弧，在弧上从 b_2 起确定转 50° 和 100° 的点 d 和 e；同样以 o_4 为圆心、r 为半径从 b_4 起作圆弧，并在弧上从 b_4 起确定转 100° 的 f 点；以 o_3 为圆心、r 为半径从 b_3 起作圆弧，并在弧上从 b_3 起确定转弯 190° 和 235° 的 i 和 j 点。

分别以 d、e、f、i、j 为圆心，以各点风的影响为半径画弧，则：

$$E_d = E_g = 50 \times W/R = 50 \times 30.3/3 = 505 \quad \text{（m）}$$
$$E_e = E_f = E_h = 100 \times W/R = 100 \times 30.3/3 = 1\,010 \quad \text{（m）}$$
$$E_i = 190 \times W/R = 1\,919 \quad \text{（m）}$$
$$E_j = 235 \times W/R = 2\,374 \quad \text{（m）}$$

画出以 e 点和 f 点为圆心的圆弧切线与入航航迹的垂线成 D 角，其中最远的一条切线与入航航迹的交点为 k 点。从 k 点沿入航航迹确定 o_5 点为圆心、r 为半径，从 k 点起画圆弧，并在此弧上确定从 k 点起转弯 50° 和 100° 的 g 点和 h 点，并以 d 点和 e 点风的影响为半径画弧，则：

$$D = \arcsin(W/TAS) = 22° \text{（最大偏流角）}$$

保护区边线由以下部分组成：

① 以 d 和 e 为圆心的圆弧的螺旋包线；

② 以 g 和 h 为圆心的圆弧的螺旋包线；

③ 以 i 和 j 为圆心的圆弧的螺旋包线；

④ 通过 a 点至螺旋线①的切线；

⑤ 螺旋线①和②的共切线，或螺旋线①与 f 弧和 f 弧与②的共切线；

⑥ 螺旋线②和③的共切线；

⑦ 通过 a 点至螺旋线③的共切线。

（四）进入保护

如图 3-13 所示，θ 为入航航迹与出航航迹的交角，从 a 点画 E 线与标称出航航迹成 α 角，以 E 线为基准画出 a 点的定位容差区。

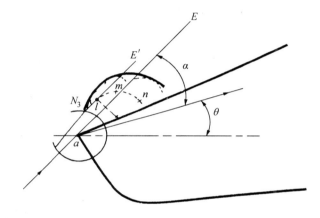

图 3-13　进入基线转弯的保护区

通过 N_3 画 E' 线与 E 线平行，并确定 l 点。N_3 至 l 点的距离为 $(6+5)\times TAS=892.1$ m。

从 l 点以半径 r 画 $100°$ 圆弧与 E' 相切，并从 l 点起沿弧线确定 $50°$ 和 $100°$ 转弯的 m 和 n 点，再以 l、m、n 为圆心，以各点风的影响为半径画圆弧，则：

$$E_l=(6+5)\times W=11\times W=11\times 30.3=333.3 \quad (\text{m})$$

$$E_m=E_l+50\times W/R=838.3 \quad (\text{m})$$

$$E_n=E_l+100\times W/R=1\,343.3 \quad (\text{m})$$

画出以 l、m、n 点为圆心的圆弧的螺旋包线，并做与螺旋线①的切线和过 N_3 点的包线切线。

（五）副　区

在主区外边界之外 4.6 km(2.5 n mile)画副区边界。

二、程序转弯保护区

（一）$45°/180°$ 程序转弯区模板

除了 $45°$ 转弯开始的容差区以外，模板考虑了能使飞机偏离标称航迹的所有因素，设计的一般步骤是：① 根据已知参数计算出绘制模板所需的各项数据；② 根据计算出的参数，用容差叠加的方法画出各容差区；③ 将各容差区平缓地连接起来，就成为所需要的模板。具体方

73

法举例说明如下。

如图 3-14 所示,已知 $IAS=400\ \mathrm{km/h}, H=1\ 200\ \mathrm{m}, T=75\ \mathrm{s}$,绘制 $45°/180°$ 程序转弯区模板。

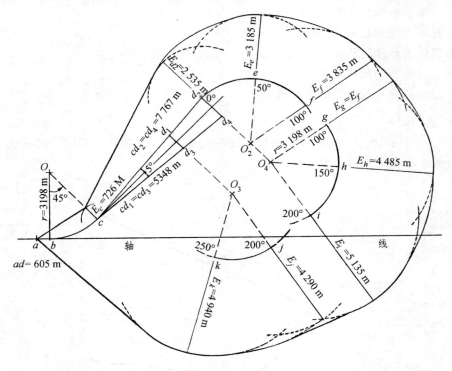

图 3-14　　$45°/180°$ 程序转弯区模板的画法示意图

1. 计算区域参数

(1) 飞行参数和风

真空速(TAS)、转弯半径(r)、转弯率(R)和全向风速(W)的计算公式与方法,与基线转弯保护区设计时的计算相同。查空速换算因素(K)时,由于 $1\ 200\ \mathrm{m}$ 属于因数表所列高度数值之外,因此 K 值应按线性内插法求出($K=1.088\ 28$)。

(2) 考虑各飞行技术容差的参数

① $45°$ 转弯建立坡度的 $5\ \mathrm{s}$ 容差 $ab=5\cdot TAS$。

② $45°$ 偏置航段长度为:

· 标称长度(cd)　等于偏置边规定的飞行时间(A、B 类飞机 $T=60\ \mathrm{s}$,C、D、E 类飞机 $T=75\ \mathrm{s}$),减去建立坡度的 $5\ \mathrm{s}$ 和 $45°$ 转弯时间($45°/R$)所飞行的无风距离,即:

$$cd=\left(T-5-\frac{45}{R}\right)TAS$$

· 最小长度($cd_1=cd_3$)　在标称长度基础上,考虑 $-10\ \mathrm{s}$ 计时容差和入航转弯建立坡度的 $5\ \mathrm{s}$ 容差:

$$cd_1=cd-5TAS$$

· 最大长度($cd_2=cd_4$)　在标称长度基础上,考虑 $+10\ \mathrm{s}$ 计时容差和建立坡度的 $5\ \mathrm{s}$ 容差:

$$cd_2=cd+15TAS$$

74

（3）程序转弯过程中受风影响的偏移量

① 转过 $1°$ 受风影响的偏移量为 $E_1 = W/R$；转过 θ 角的偏移量为 $E_\theta = \theta \cdot E_1$。

② 程序转弯中各点风的偏移量：

$45°$ 偏置航段起点（c）　　$E_c = 5W + 45E_1$

$45°$ 偏转航段终点（d_1、d_3 和 d_2、d_4）

$$E_{d_1} = E_{d_3} = (T-5)W, \qquad E_{d_2} = E_{d_4} = (T+15)W$$

转弯无风航迹上各点风的偏移量：

$$E_e = E_{d_2} + 50E, \qquad E_i = E_h + 50E$$
$$E_f = E_g = E_e + 50E, \qquad E_j = E_{d_3} + 200E$$
$$E_h = E_g + 50E, \qquad E_k = E_j + 50E$$

根据上述各项参数的计算公式，列表计算，如表 3-3 所示。

表 3-3　45°/180°程序转弯区域参数的计算举例

已　知　参　数			$IAS = 400$ km/h,　$H = 1\,200$ m,　$T = 75$ s			
计　算　参　数			计　算　公　式		计　算　值	
1	换算因数 K		按 $1\,200$ m，ISA$+15℃$ 查 K 值表		1.088 28	
	真空速 TAS		$TAS = K \times IAS$		$1.088\,28 \times 400 = 435.31$ km/h　(120.92 m/s)	
2	r (m)	$TAS > 87.5$ m/s	$r = 0.218\,7TAS^2$		$0.218\,7 \times (120.92)^2 = 3\,198$ m	
		$TAS \leqslant 87.5$ m/s	$r = 19.1TAS$			
3	R (°/s)	$TAS > 87.5$ m/s	$R = 262/TAS$		$262/120.92 = 2.167$ °/s	
		$TAS \leqslant 87.6$ m/s	$R = 3$ °/s			
4	全向风速 W (km/h)		$W = 12H + 87$		$12 \times 1.2 + 87 = 101.4$ km/h　(28.17 m/s)	
5	直线段	ab (m)	$ab = 5TAS$		$5 \times 120.92 = 605$ m	
		cd (m)	$cd = (T-5-\dfrac{45}{R})TAS$		$(75-5-\dfrac{45}{2.167}) \times 120.92$ $= 5\,953.4$ m	
		cd_1、cd_3 (m)	$cd_1 = cd_3 = cd - 5TAS$		$5\,953.4 - 605 = 5\,348.4$ m	
		cd_2、cd_4 (m)	$cd_2 = cd_4 = cd + 15TAS$		$5\,953.4 + 15 \times 120.92 = 7\,767.2$ m	
6	风的偏移量	E (m/(°))	$E = W/R$		$28.17/2.167 = 13$ m/(°)	
		$50E$ (m)			$50 \times 13 = 650$ m	
		E_c (m)	$E_c = 5W + 45E$		$5 \times 28.17 + 45 \times 13 = 726$ m	
		E_{d_1}、E_{d_3} (m)	$E_{d_1} = E_{d_3} = (T-5)W$		$(75-5) \times 28.17 = 1\,972$ m	
		E_{d_2}、E_{d_4} (m)	$E_{d_2} = E_{d_4} = (T+15)W$		$(75+15) \times 28.17 = 2\,535.3$ m	

E_e $E_{d_2}+50E$	E_f E_e+50E	E_g E_e+50E	E_h E_g+50E	E_i E_h+50E	E_j $E_{d_3}+200E$	E_k E_j+50E
3 185.3 m	3 835.3 m	3 835.3 m	4 485.3 m	5 135.3 m	4 290.2 m	4 940.2 m

2. 模板画法

绘制 45°/180°程序转弯区模板的方法是：

① 画模板轴线（基准线），并在轴线上适当位置取一点 a 作为起始点（基准点）。

② 根据 5 s 容差（$ab=605$ m）在轴线上截取 b 点，并过 b 点画出 45°转弯的无风航迹 cd（圆心为 O，半径 $r=3\,198$ m）。

③ 从 c 点画出标称的 45°偏置航迹（在 c 点与圆弧 bc 相切），并根据±5°的航迹容差画出 45°偏置航迹的容差区边线。

④ 以 c 点为圆心，45°偏置航段最小长度（5 348 m）和最大长度（7 767 m）为半径，在航迹容差区边线上分别截取开始入航转弯的最早点（d_1、d_3）和最晚点（d_2、d_4）。

⑤ 分别从 d_2、d_4 和 d_3 画出入航转弯的无风航迹（圆心分别为 O_2、O_4、O_3，半径 $r=3\,198$ m），并在无风航迹上每隔 50°截取一点，得到 e、f、g、h、i、j、k 各点。

⑥ 画出各点的全向风向量：

· 以 c 点为圆心，E_c（726 m）为半径画出 c 点的全向风向量。

· 以 d_2、e、f 为圆心，E_{d_2}（2 535 m）、E_e（3 185 m）、E_f（3 835 m）为半径画出各点的全向风向量及其风的螺旋线。

· 以 g、h、i 为圆心，E_g（3 835 m）、E_f（4 485 m）、E_i（5 135 m）为半径画出各点的全向风向量及其风的螺旋线。

· 以 j、k 为圆心，E_j（4 290 m）、E_k（4 940 m）为半径画出这两点的全向风向量及其风的螺旋线。

⑦ 从 a 点画出圆弧的切点以及各圆弧（风的螺旋线）之间的共切线，所构成的图形就是 45°/180°程序转弯区模板。

（二）80°/260°程序转弯区模板

80°/260°程序转弯区模板所考虑的容差因素以及设计的基本步骤，与 45°/180°程序转弯区的设计相同，具体方法举例说明如下。

如图 3-15 所示，已知 $IAS=220$ kn，$H=4\,000$ ft，$t_H=$ ISA＋15℃，绘制 80°/260°程序转变区模板。

1. 计算区域参数

（1）飞行参数

① 真空速。根据 $H=4\,000$ ft、$t_H=$ ISA＋15℃查以英尺为单位的换算因素表，得：

$$K=1.089\,2$$
$$TAS=1.089\,2\times220=239.624\quad(\text{kn})$$

单位换算为 km/h 和 m/s：

$$TAS=239.624\times1.852=443.784\ \text{km/h（或 123.27 m/s）}$$

② 转弯半径（r）和转弯率（R）用以 m/s 为单位的真空速进行计算，计算公式已如前述。

（2）全向风速（W）

$$W=2H+47\quad（H\ \text{单位为千英尺}，W\ \text{单位为 kn，换算为 km/h 和 m/s}）$$

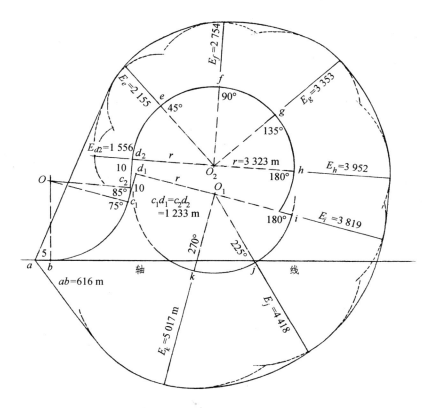

图 3-15　80°/260°程序转弯区模板的画法示意图

（3）考虑飞行技术容差的参数

① 80°转弯建立坡度的 5 s 容差：

$$ab=5TAS \quad (m/s)$$

② 改出 80°转弯和建立 260°转弯的容差（10 s）：

$$c_1d_1=c_2d_2=10TAS \quad (m/s)$$

（4）受风影响的偏移量

- $E_{d_2}=15W+85E$；
- $E_e=E_{d_2}+45E$；
- $E_f=E_e+45E$；
- $E_g=E_f+45E$；
- $E_h=E_g+45E$；
- $E_i=15W+(75+180)E$；
- $E_j=E_i+45E$；
- $E_k=E_j+45E$。

上述参数的计算根据已知条件列表进行，如表 3-4 所示。

表 3-4　80°/260°程序转弯区域参数的计算举例

已　知　参　数		$IAS=220$ kn，　$H=4\,000$ ft，　$t_{\mathrm{H}}=ISA+15°C$	
计　算　参　数		计　算　公　式	计　算　值
1	K	按 4 000′、$ISA+15°C$ 查换算因数表	1.089 2
	TAS	$TAS=K×IAS$	239.62 kn （443.78 km/h＝123.27 m/s）
2	R （°/s）　$TAS>87.5$ m/s	$R=262/TAS$	$262/123.27=2.125$（°/s）
	$TAS≤87.5$ m/s	$R=3$（°/s）	
3	r （m）　$TAS>87.5$ m/s	$r=0.218\,7TAS^2$	$0.218\,7×(123.27)^2=3\,323.3$ m
	$TAS≤87.5$ m/s	$r=19.1TAS$	
4	ab（m）	$ab=5TAS$	$5×123.27=616.4$ m
	c_1d_1、c_2d_2（m）	$c_1d_1=c_2d_2=10TAS$	$10×123.27=1\,232.7$ m
5	W（kn）	$W=2H+47$	$2×4+47=55$ kn＝101.86 km/h （28.29 m/s）
6	E（m/(°)）	$E=W/R$	$28.29/2.125=13.313$ m/(°)
风的偏移量	$45E$（m）		$45×13.313=599$ m
	E_{d_1}（m）	$E_{d_1}=15W+75E$	$15×28.29+75×13.313=1\,423$ m
	E_{d_2}（m）	$E_{d_2}=15W+85E$	$15×28.29+85×13.313=1\,556$ m

E_e $E_{d_2}+45E$	E_f E_e+45E	E_g E_f+45E	E_h E_g+45E	E_i $E_{d_1}+180E$	E_j E_i+45E	E_k E_j+45E
2 155 m	2 754 m	3 353 m	3 952 m	3 819 m	4 418 m	5 017 m

2. 模板画法

绘制 80°/260°程序转弯区模板的方法是：

① 画模板轴线（基准线），并在轴线上适当位置取一点 a 作为基点（起始点），按 $ab=$ 616 m 截取 b 点（出航转弯开始点）。

② 从 b 点开始画出转过 75°（80°−5°航向容差）和 85°（80°＋5°航向容差）的无风航迹 bc_1 和 bc_2（圆心为 O，半径 $r=3\,323$ m）。

③ 过 c_1 和 c_2 分别画出 bc_1 和 bc_2 的切线,按 $c_1d_1=c_2d_2=1\,233$ m 截取 d_1(开始入航转弯最早点)和 d_2(开始入航转弯最晚点)。

④ 从 d_2、d_1 分别画出入航转弯的无风航迹(圆心为 O_2、O_1,$r=3\,323$ m),并在无风航迹上按每 $45°$ 截取一点,得到 e、f、g、h 和 i、j、k 各点。

⑤ 以各点为圆心,风的偏移量为半径,画出 d_2、e、f、g、h 的全向风向量及其风的螺旋线和 i、j、k 的全向风向量及其风的螺旋线。

⑥ 从 a 点画出圆弧的切线及圆弧之间的共切线,所围成的图形就是 $80°/260°$ 程序转弯区的模板。

(三)程序转弯保护区的画法

1. 出航转弯开始点的容差区

程序转弯的出航转弯,可以在飞越电台、指点标、DME 弧或侧方径向/方位线时开始,或者在飞完出航边的规定时间时开始。出航转弯开始点的容差区,包括定位容差(取决于导航设施及定位方式)和出航边的飞行技术容差,在模板设计时没有考虑进去。因此,在设计超障区时,出航开始点的容差区必须首先在相应的大比例尺地图上画出。

(1)按规定时间开始出航转弯的容差区

如图 3-16 所示,VOR 或 NDB 在 O 点,为出航边提供航迹引导,飞机背台飞行规定时间(t)时开始出航转弯,出航转弯开始点(A)的容差区按以下因素确定:

① 电台方位容差 $\alpha=\pm5.2°$(VOR)或 $\pm6.9°$(NDB);

② 出航边计时容差为 ±10 s;

③ 电台纵向容差为 $\pm a$;

④ 出航边的全向风 $W=12H+87$ km/h(换算为 m/s)。

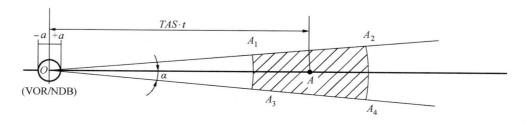

图 3-16 按规定时间开始出航转弯的容差区

根据上述因素计算出:

① 背台飞行的最小长度,确定开始转弯容差区的最早边界(A_1A_3):

$$OA_1=OA_3=(TAS-W)(t-10)-a$$

② 背台飞行的最大长度,确定开始转弯容差区的最晚边界(A_2A_4):

$$OA_2=OA_4=(TAS+W)(t+10)+a$$

(2)A 点是个交叉定位的容差区

· A 点为 VOR/DME 定位点

如图 3-17 所示，VOR/DME 在 O 点，为出航边提供航迹引导和定位信息，飞机背台飞行到达规定的 DME 距离($OA=D$)时开始出航转弯，开始转弯点(A)的容差区由以下因素确定：

① VOR 径向方位容差 $\alpha=\pm5.2°$；

② DME 距离容差取 $\pm(0.25+D\cdot1.25\%)$ n mile；

③ 驾驶员反应时间 6 s 的容差（顺风飞行 6 s 的距离）为 $6(TAS+W)$。

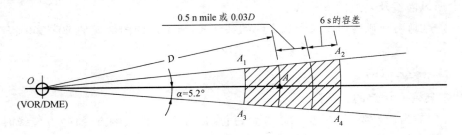

图 3-17　A 点为 VOR/DME 定位的容差区

· A 点为 VOR 或 NDB 交叉定位点

如图 3-18 所示，VOR 或 NDB 在 O 点，为出航边提供航迹引导，飞机到达侧方台（位于 O' 的 VOR 或 NDB）的预定径向/方位线时开始出航转弯。出航转弯开始点(A)的容差区由以下因素决定：

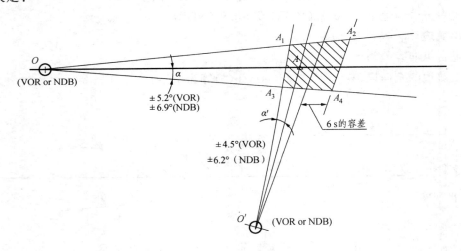

图 3-18　A 点为 VOR 或 NDB 交叉定位的容差区

① 航迹台方位容差 $\alpha=\pm5.2°$(VOR)或 $\pm6.9°$(NDB)；

② 定位台方位容差 $\alpha'=\pm4.5°$(VOR)或 $\pm6.2°$(NDB)；

③ 6 s 反应容差为 $6(TAS+W)$。

(3) A 点为电台或指点标的容差区

· A 点为电台(NDB 或 VOR)

如图 3-19 所示，VOR 台在 O 点，为出航边提供航迹引导，飞机背台飞行通过 NDB 上空时开始出航转弯，出航转弯开始点(A)的容差区由下述因素确定：

① VOR 径向方位容差 $\alpha = \pm 5.2°$；

② NDB 纵向容差（圆锥效应区半径）$Z_N = h \cdot \tan 40°$；

③ 6 s 反应容差为 $6(TAS + W)$。

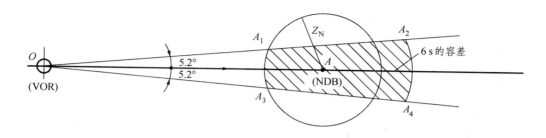

图 3-19　飞越电台上空开始转弯的容差区

· A 点为指点标（Marker beacon）

如图 3-20 所示，仪表着陆系统的航向台（LOC）在 O 点，为飞机提供出航边的航迹引导，飞机飞越指点标（Marker）时开始出航转弯，出航转弯开始点的容差可由以下因素决定。

① LOC 容差 $\alpha = \pm 2.4°$；

② 指点标纵向容差（Z_M）可从容差曲线图上查出；

③ 6 s 反应容差为 $6(TAS + W)$。

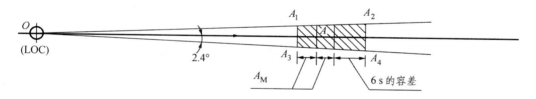

图 3-20　飞越 Marker 开始转弯的容差区

上述各项计算公式中，所有速度单位均为 m/s，时间单位为 s，容差（长度）单位为 m。

2. 主　区

程序转弯保护区的主区可利用模板画出，其步骤是：

① 程序转弯保护区模板上的 a 点依次压住开始出航转弯容差区的 A_1、A_2、A_3 和 A_4 点，模板轴线与向台航迹平行，然后沿模板边界画出曲线"1"、"2"、"3"和"4"；

② 从 O 点画出曲线"1"和"3"的切线以及各曲线的共切线，就得到程序转弯保护区（主区），如图 3-21 所示。

3. 副　区

在主区边线外侧 2.5 n mile（4.6 km）画出副区边界线。

三、反向程序区与起始航段区的连接

起始航段保护区的宽度为标称航迹两侧各 5 n mile（9.2 km），分为主区和副区（各

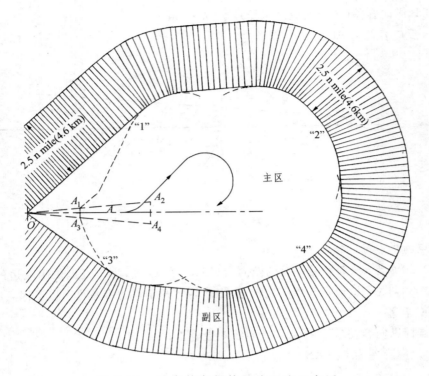

图 3-21　程序转弯保护区的画法示意图

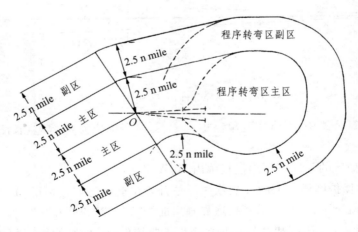

图 3-22　起始航段区与程序转弯区相连接

2.5 n mile)。起始段的主区和副区边界必须与反向程序区的主区和副区边界相融合,如图 3-22 和图 3-23 所示。

(一)副区外边界的连接

1. 起始段转弯外侧副区边界的连接

(1)以电台为圆心,5 n mile(9.2 km)为半径画出起始段转弯外侧的边界圆弧。

(2)画出边界圆弧与反向区外边界的共切线,就是起始段转弯外侧连接区的副区边界。

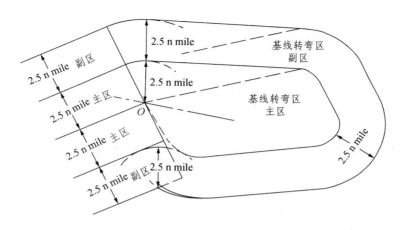

图 3-23　起始航段区与基线转弯区相连接

2. 起始段转弯内侧副区边界的连接

起始段副区外边界与反向程序副区外边界直接相交连接。

(二) 主区边界的连接

1. 起始段转弯外侧主区边界的连接

① 以电台为圆心,2.5 n mile(4.6 km)为半径画出起始段转弯外侧主区边界圆弧;

② 画出起始段主区边界圆与反向程序主区边界的共切线,就是连接区的主区边界。

2. 起始段转弯内侧主区边界的连接

在副区外边界内,以交接点为圆心,2.5 n mile(4.6 km)为半径画出圆弧,该圆弧与起始段及反向程序区的主区边界相切。

第三节　直角航线保护区

直角航线(进近和等待)程序保护区的设计步骤与反向程序相同,也是根据已知条件先设计模板,再利用模板在相应的大比例尺地图上画出主区,最后确定副区。对于仪表进近程序,规定副区宽 2.5 n mile(4.6 km),等待程序则为 5 n mile(9.2 km)。

一、模板的设计

直角航线保护区模板除起始点定位容差区的因素以外,考虑了能使飞机偏离标称航迹的其他所有因素,包括最大可能的全向风速和以下飞行技术容差:

① 驾驶员反应时间(0~6 s);

② 建立转弯坡度时间(5 s);

③ 出航航向容差(±5°);

④ 出航计时容差(±10 s,转至出航航向开始计时)。

模板适用于绘制各种形式的直角航线保护区。设计模板的具体步骤和方法举例说明如下。

如图 3-24 所示,已知 $IAS=260$ km/h,$H=1\,500$ m,$T=1.5$ min(90 s),计算区域参数并绘制模板。

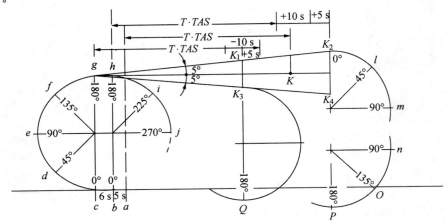

图 3-24　直角航线各容差的应用

(一) 计算区域参数

根据上述已知条件计算出下述参数:

1. 飞行参数及全向风速

真空速(TAS)、转弯率(R)、转弯半径(r)及全向风速(W)的计算与反向程序相同。

2. 考虑飞行技术容差的参数

(1) 起始转弯

① 反应时间 0 s、建立坡度时间 5 s 的容差 $ab=5TAS$。

② 反应时间 6 s、建立坡度时间 5 s 的容差 $ac=11TAS$。

(2) 出航航段

① 出航边计时容差为-10 s,入航转弯建立坡度时间为 5 s,航段最小长度为:

$$gK_1=gK_3=(T-5)TAS$$

② 出航边计时容差为$+10$ s,入航转弯建立坡度为 5 s,航段最大长度为:

$$hK_2=hK_4=(T+15)TAS$$

3. 受风影响的偏移量

(1) 出航转弯风的偏移量

从 c 点开始 180°出航转弯中,每转过 θ 角受风影响的偏移量为:

$$E_\theta=\left(11+\frac{\theta}{R}\right)W$$

$R=3°/s(TAS\leqslant87.5$ m/s)时,转弯无风航迹上各点风的偏移量为:

c	d	e	f	g
(0°)	(45°)	(90°)	(135°)	(180°)
11W	26W	41W	56W	71W

从 b 点开始 270°转弯中,每转过 θ 角受风影响的偏移量为:

$$E_\theta = \left(5 + \frac{\theta}{R}\right)W$$

$R = 3°/s$ 时有:

b	h	i	j
(0°)	(180°)	(225°)	(270°)
$5W$	$65W$	$80W$	$95W$

(2)入航转弯风的偏移量

从 $K_2(K_4)$ 点开始的入航转弯中,每转过 θ 角受风影响的偏移量(从 b 点算起)为:

$$E_\theta = \left(T + 20 + \frac{\theta}{R}\right)W$$

$R = 3°/s$ 时,转弯无风航迹上各点的偏移量为:

$K_2(K_4)$	l	$m(n)$	O	P
(180°)	(225°)	(270°)	315°	(360°)
$(T+80)W$	$(T+95)W$	$(T+110)W$	$(T+125)W$	$(T+140)W$

从 K_3 点开始的入航转弯中,每转过 θ 角受风影响的偏移量(从 c 点算起)为:

$$E_\theta = \left(T + 6 + \frac{\theta}{R}\right)W$$

$R = 3°/s$ 时有:

$$E_{K_1} = E_{K_3} = (T+66)W, \qquad E_\theta = (T+126)W = E_{K_3} + 60W$$
$$\text{(180°)} \qquad\qquad\qquad\qquad\qquad \text{(360°)}$$

4. 计算 E 点坐标

E 点是用来确定从 c 轴和 d 轴进入的全向进入区,它在模板上的位置由模板外廓的平面直角坐标 (x_E, y_E) 确定,如图 3-25 所示。

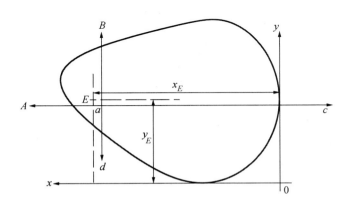

图 3-25 E 点在模板上的坐标 (x_E, y_E)

(1)x_E 的计算

如图 3-26 所示,当飞机从第三扇区沿 d 轴进入且风向与 c 轴方向(出航方向)同向时,沿

c 轴方向将产生最大位移,绘制全向进入的直角航线保护区时,必须把这一偏移量考虑进去。

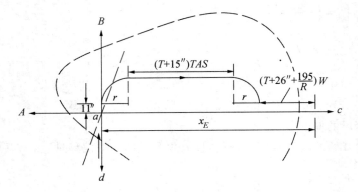

图 3-26 全向进入时沿 c 轴方向的最大位移

从图 3-26 中可以得出:

$$x_E = (T+15)TAS + \left(T+26+\frac{195°}{R}\right)W + 2r$$

$R=3°/s(TAS \leqslant 87.5 \text{ m/s})$ 时,$r=19.1TAS$,上式可简化为:

$$x_E = (T+53.2)TAS + (T+91)W$$

(2) y_E 的计算

从第一扇区和第三扇区交界处(70°线)进入且风向与 d 轴方向一致时,沿 d 轴方向将产生最大位移,如图 3-27 所示。绘制全向进入的直角航线保护区时,这一偏移量也必须考虑进去。

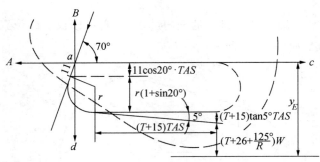

图 3-27 全向进入时沿 d 轴方向的最大位移

从图 3-27 中不难得出:

$$y_E = 11\cos20°TAS + (1+\sin20°)r + (T+15)\tan5° \cdot TAS + \left(T+26+\frac{125°}{R}\right)W$$

$R=3°/s$ 时,$r=19.1TAS$,上式简化为:

$$y_E = (0.0875T+37.282)TAS + (T+67.67)W$$

以上各项计算可列表进行,如表 3-5 所示,计算时,时间单位为 s,长度单位为 m,速度单位为 m/s。

表 3-5 直角航线区域参数的计算举例

已 知 参 数			$IAS=260\ \text{km/h},H=1\ 500\ \text{m},T=1.5\ \text{min}(90\ \text{s})$	
计 算 参 数			计 算 公 式	计 算 值
1	K		按 1 500 m、ISA+15℃ 查 K 值表	1.1046
	TAS		$TAS=K\times IAS$	$1.1046\times260=287.2\ \text{km/h}$ $=79.78\ \text{m/s}$
2	R (°/s)	$TAS>87.5\ \text{m/s}$	$R=262/TAS$ （m/s）	
		$TAS\leqslant87.5\ \text{m/s}$	$R=3°/\text{s}$	$3°/\text{s}$
3	r (m)	$TAS>87.5\ \text{m/s}$	$r=2687TAS^2$	
		$TAS\leqslant87.5\ \text{m/s}$	$r=19.1TAS$	$19.1\times79.78=1\ 524\ \text{m}$
4	ab （m）		$ab=5TAS$	$5\times79.78=399\ \text{m}$
领航容差	ac （m）		$ac=11TAS$	$11\times79.78=877.6\ \text{m}$
	gK_1,gK_3 （m）		$gK_1=gK_3=(T-5)TAS$	$(90-5)\times79.78=6\ 781.3\ \text{m}$
	hK_2,hK_4 （m）		$hK_2=hK_4=(T+15)TAS$	$(90+15)\times79.78=8\ 377\ \text{m}$
5	W		$W=12H+87$ （km/h）	$12\times1.5+87=105\ \text{km/h}$ $=29.17\ \text{m/s}$
6 风的偏移量	c、d、e、f、g （m）		$E_\theta=\left(11+\dfrac{\theta}{R}\right)W$	E_c E_d E_e E_f E_g (0°) (45°) (90°) (135°) (180°) 321 758.4 1 196 1 634 2 072
	b、h、i、j （m）		$E_\theta=\left(5+\dfrac{\theta}{R}\right)W$	E_b E_h E_i E_j (0°) (180°) (225°) (270°) 146 1 896 2 334 2 772
	$K_2(K_4)$、l、m、n、O、P （m）		$E_\theta=\left(T+20+\dfrac{\theta}{R}\right)W$	E_{K_2} E_t $E_m(E_n)$ E_o E_p (180°) (225°) (270°) (315°) (360°) 4 959 5 397 5 835 6 273 6 711
	K_1、K_3、Q （m）		$E_\theta=\left(T+6+\dfrac{\theta}{R}\right)W$	E_{K_2} E_Q (180°) (360°) 4 551 6 301
7	x_E		$x_E=(T+53.2)TAS+(T+91)W$ $R=3°/\text{s}$	16 704 m
	y_E		$y_E=(0.088T+37.28)TAS+$ $(T+67.67)W,$ $R=3°/\text{s}$	8 202 m

(二)绘制模板

1. 画模板边界线

在纸面上适当位置画出模板的轴线(基准线),在轴线上适当位置取一点 a 作为基准点(起始点),并根据 $ab=399$ m、$ac=878$ m 截取出航转弯最早开始点 b 和最晚开始点 c,如图 3-28 所示。

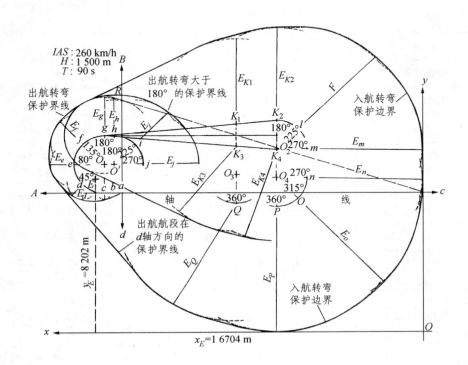

图 3-28　模板边界的画法

画出航转弯保护区的边界线:以 O 点为圆心,$r=1524$ m 为半径,从 c 点画出 $180°$ 出航转弯的无风航迹,并在航迹上每隔 $45°$ 截取一无风点,得 d、e、f、g 各点;再以 O' 为圆心、$r=1524$ m 为半径,从 b 点画出转弯大于 $180°$ 的无风航迹,在航迹上每隔 $45°$ 截取无风点 h、i、j;从 c 点开始,以上述各无风点为圆心,该点风的偏移量(见表 3-6)为半径,依次画出全向风向量及其螺旋线,并从 a 点画出该螺旋线的切线,所得到的曲线就是出航转弯保护区的边界线。

画出航航段保护区的边界线:从 g 点(通过 h)画出出航航段的标称航迹,按 $\pm5°$ 容差画出容差区边界,然后以 g 为圆心、出航航段最小长度 $gK_1=gK_3=6781$ m 为半径,在容差边界上截取入航转弯最早点 K_1K_3;再以 h 为圆心,$hK_2=hK_4=8377$ m 为半径,在容差边界上截取入航转弯最晚点 K_2K_4;分别以 K_1、K_2、K_3、K_4 为圆心,E_{K_1}、E_{K_2}、E_{K_3}、E_{K_4} 为半径(见表 3-6)画出全向风向量,它们与出航航段起点 g 的全向风向量(E_g)的共切线,就是出航航段保护区的边界线,其中 E_g、E_{K_3} 和 E_{K_4} 的共切线则是出航航段在 d 轴方向的保护区边界线。

画入航转弯保护区的边界线:以 O_2、O_4 和 O_3 为圆心分别从 K_2、K_4 和 K_3 画出入航转弯的无风航迹($r=1524$ m),并在无风航迹上每隔 $45°$ 截取一点,得无风点 l、m、n、O、P、Q;以上述无风点为圆心,该点风的偏移量(见表 3-6)为半径画出全向风向量,然后画出 K_2、l、m、n、P 和 Q 的螺旋线及其共切线,所得的曲线就是入航转弯的保护边界线。

画出出航转弯保护区边界线与入航转弯保护区边界线的共切线,所得到的封闭曲线就是直角航线保护区模板的边界线,它包括了出航转弯、出航航段和入航转弯的安全保护。

2. 在模板上标定 E 点和 R 点

E 点在模板上的位置根据其坐标 x_E(16 704 m)和 y_E(8 202 m)标定,方法是:从模板外廓 c 轴方向最远的一点起,沿入航航迹量取 x_E 并画出航迹的垂线;再从模板外廓 d 轴方向最远的一点起,沿入航航迹垂直线量取 y_E,该截点即为 E 点,参见图 3-25 和图 3-28。

标定 R 点。如图 3-29 所示,R 点是在设计 VOR/DME 背台等待并有限制径向线的直角航线程序时,用来确定限制径向线的最低位置,这条径向线不穿过出航转弯末端的区域,因此 R 点在模板上的位置应按下述方法标定(参见图 3-28):

① 从模板外廓与 c 轴的交点画出 h 点全向风向量(E_h)的切线;

② 该切线延伸到与出航转弯保护区边界相交的一点即 R 点。

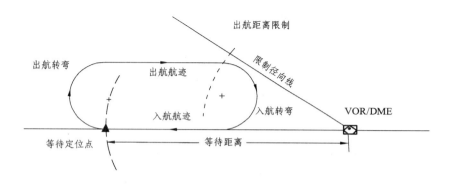

图 3-29　VOR/DME 背台等待并有限制径向线

3. 画 VOR 和 NDB 定位容差区

在模板上应预先画好 VOR 和 NDB 的定位容差区,以便起始点为电台时,用以在地图上描画其外廓。

如图 3-30 所示,VOR 定位容差区由下述参数确定:

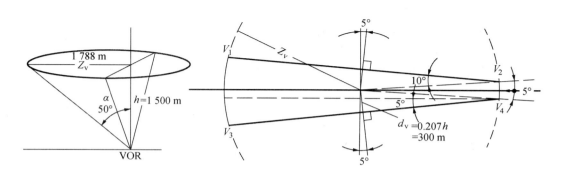

图 3-30　VOR 定位容差区的画法

① 圆锥效应区半径 $Z_v = h \cdot \tan 50°$;

② 进入圆锥效应区的扇区为标称航迹左右 5°;

③ 飞越圆锥效应区的航迹容差为±5°。

根据上述参数计算出 VOR 定位容差区边界线到圆锥效应区中心（VOR 位置）的垂直距离(d_V)，然后画出容差区边界：

$$d_V = h \cdot \tan 50° \cdot \sin 10° = 0.207h$$

容差区边界的画法是：

① 在模板的适当位置画出容差区的基准线（入航标称航迹），并在其上选定一点作为中心，过该点画出基准线的垂线；

② 以垂直线为基准，向入航方向自中心量取 5°角度并画出直线，在该直线上截取 d_V，过截点画出这一直线的垂线，确定标称航迹两侧的容差区边界；

③ 以中心为圆心、Z_V 为半径画出圆锥效应区边界，与标称航迹两侧的容差区边界交于 V_1、V_2、V_3、V_4。$V_1 V_2 V_3 V_4$ 即为所求的 VOR 定位容差区。

如图 3-31 所示，NDB 定位容差区所依据的参数为：

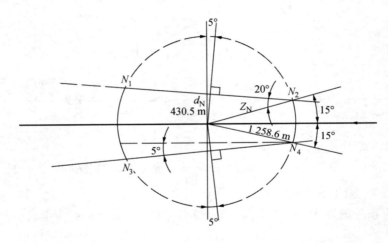

图 3-31　NDB 定位容差区的画法

① NDB 圆锥效应区的半径 $Z_N = h \cdot \tan 40°$；

② 进入圆锥效应区的扇区为±15°；

③ 飞越圆锥效应区的航迹容差为±5°。

根据上述参数计算出定位容差区边界到圆锥效应区中心的垂直距离(d_N)，然后画出定位容差区边界线：

$$d_N = h \cdot \tan 40° \cdot \sin 20° = 0.287h$$

画定位容差区边界的步骤方法与 VOR 相同，这里不再赘述。

二、飞越电台的直角航线保护区

直角航线程序的开始点是电台（VOR 或 NDB）、VOR 交叉定位点或 VOR/DME 定位点时，其保护区设计各有不同。以电台为起始点的直角航线程序是一种较常用的程序，它的保护区包括基本区和全向进入区,和其他类型的直角航线相比,设计起来比较简单。

(一) 基本区的设计

基本区是指直角航线和沿入航航迹进入的主区,在定位容差区的基础上用模板画出,如图 3-32 所示,其步骤是:

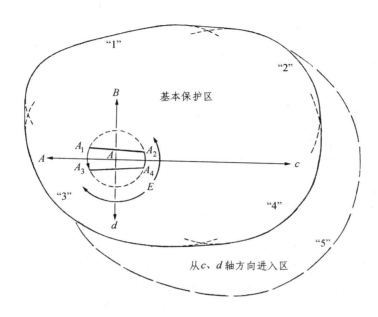

图 3-32　基本的直角航线保护区

① 在比例尺与模板相同的地图上标定电台位置(图中 A 点),并画出入航航迹;

② 在 A 点周围画出 VOR 或 NDB 定位容差区 $A_1A_2A_3A_4$;

③ 将模板上的 a 点压住 A_1、A_2、A_3、A_4,模板轴线平行于入航航迹,依次画出曲线 1、2、3、4;

④ 画出上述曲线的共切线,得到的图形就是基本直角航线区。

(二) 全向进入区的画法

起点为 VOR 或 NDB 的直角航线程序,如果没有限制,可以全向进入。在设计直角航线保护区时,必须画出全向进入区。

全向进入区是在基本区的基础上画出的。

1. 沿 c 轴和 d 轴方向画全向进入区边界

以 A 点为圆心、Z_V 或 Z_N 为半径画圆(它表示全向进入的定位容差区),将模板上 E 点在此圆的后半周平行移动(模板轴线平行向台航迹)所画出的曲线"5"(见图 3-32)即为全向进入区边界。

2. 从第三扇区进入的区域边界

如图 3-33 所示,从第三扇区与第一扇区交界线(70°线)直接进入时,将在第二扇区内(A、d 轴方向)产生最大位移,因此应按以下方法画出它的保护区边界:

① 在 A 点周围画出以 70°线为轴线的 VOR 或 NDB 定位容差区 $E_1E_2E_3E_4$;

② 将模板上的 a 点压住 E_1 和 E_3,轴线平行于 70°线,画出曲线 6 和 7;

③ 以 A 点为圆心,画出曲线 6 的外切圆,直到与曲线 1 相交。

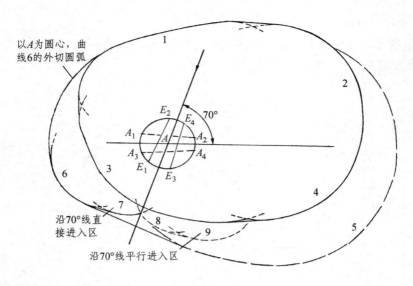

图 3-33　飞越电台的直角航线主区

3. 从第一扇区进入的保护区边界

从第一扇区沿 70°线平行进入时,在第三扇区内(d 轴方向)将有最大偏移,由于转弯方向与出航转弯相反,因此保护区边界应以模板的反面画出,画法是:先将模板翻到反面,然后以模板上的 a 点压住 E_1 和 E_3,轴线平行于 70°线,画出曲线 8 和 9(与曲线 6 和 7 对称),见图 3-33。

上述各曲线及其共切线所围成的区域,就是以电台为起点全向进入的直角航线保护区的主区。主区外侧 2.5 n mile(等待程序为 5 n mile)的区域就是副区。

三、飞越 VOR 交叉定位的直角航线区

以 VOR 径向线交叉定位点为起点的直角航线,通常是作为等待航线,交叉定位点就是等待定位点。这种程序只能沿等待径向线和交叉径向线进入。直角航线的保护区主区包括基本区和进入区。

(一)基本区的画法

飞越 VOR 交叉定位的直角航线基本区与飞越电台的直角航线基本区的画法相同,只是定位点容差区不同,如图 3-34 所示。VOR 交叉定位点的容差区 $A_1A_2A_3A_4$ 由航迹台的容差(±5.2°)和定位台的容差(±4.5°)确定,然后用模板按前面所说的方法画出基本区。

(二)进入区

1. 沿入航航迹的反方向进入的保护

沿等待径向线进入,当进入方向与入航航迹一致时,直角航线保护区就是基本区;进入方向与入航航迹方向相反时,由于沿 c 轴和 d 轴方向的位移应在基本区的基础上,将模板上的 E 点压住 A_2 和 A_4,模板轴线平行于入航航迹,画出该方向进入的保护区边界 5 和 6 及其共切线(见图 3-34)。

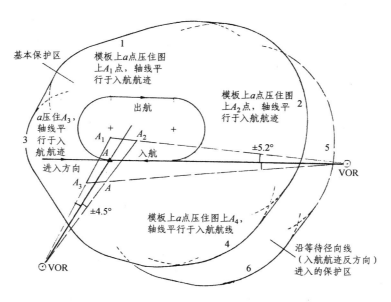

图 3-34 飞越 VOR 交叉定位的直角航线基本区

2. 沿交叉径向线进入的保护

如果 VOR 交叉径向线位于第二扇区或与第二扇区相反的第三扇区部分,除了画出上述曲线 5 和 6 外,还应按下述方法确定从第三扇区进入的保护区。

① 在 A 点周围确定沿交叉径向线进入的定位容差区 $E_1E_2E_3E_4$。沿交叉径向线进入时,原来提供定位信息的电台成了提供航迹引导的电台,而原来提供航迹引导的电台则成了定位台。因此在确定定位容差区时,交叉径向线的容差取 $\pm 5.2°$,等待径向线的容差取 $\pm 4.5°$,如图 3-35 所示。

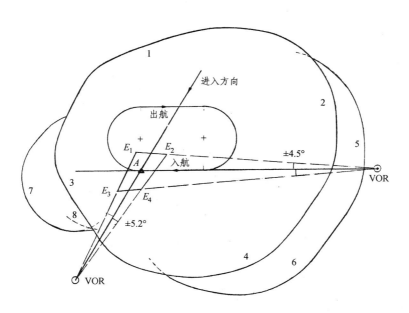

图 3-35 沿 VOR 交叉径向线进入的保护区

② 将模板上的 a 点压住 E_3 和 E_4，模板轴线平行于交叉径向线，画出曲线 7 和 8（模板上出航转弯大于 180°的保护区边界线）及其共切线。

直角航线保护区除上述两种确定方法外，还有 VOR/DME 定位的直角航线保护区（向 VOR/DME 等待、背 VOR/DME 等待、背 VOR/DME 等待且有限制径向线），由于其设计的步骤和方法比较繁杂，这里就不详细介绍了。

第四节　反向和直角航线区的缩减和区域的简化画法

一、保护区的缩减

在下述情况下，如果受到机场周围空域或净空条件的限制，可以对设计的反向或直角航线保护区加以缩减，这样做有时可以得到更好的运行效益。

（一）起始点为电台的区域缩减

如果反向或直角航线程序的开始点是个电台（VOR 或 NDB），假定飞机能在入航转弯末端之前切入向台航迹并按规定的径向线或方位线飞行，则飞机不会更远地偏离程序轴线，因而沿 d 轴方向的区域可以缩减。缩减的方法是：

① 画出向台航迹的容差线（VOR：±5.2°，NDB：±6.9°）；

② 模板倒转 180°（上下颠倒），a 点压在容差线上，模板轴线平行于向台航迹，外廓与 c 轴方向的保护区边界相切，画出入航转弯大于 180°的保护线；

③ 画出与容差线平行的入航转弯保护线的切线，该切线以下的区域可以缩减，如图 3-36 所示。但必须注意，从第一扇区进入时不准缩减。

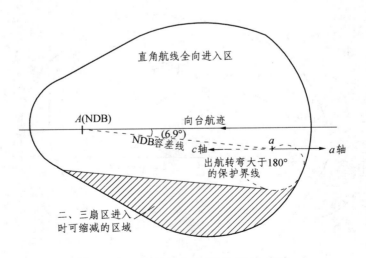

图 3-36　起点为电台时的区域缩减

（二）出航航段末端有限制线的区域缩减

当出航航段末端有 DME 弧、VOR 径向线或 NDB 方位线限制时，飞机将在到达限制线时开

始入航转弯,转弯过程中受风的影响可从此处算起,因此沿 c 轴方向的保护区可按以下方法缩减:

① 从电台所在位置到出航航段末端画出限制的 DME 弧或径向/方位线 DL 及其容差线 DL_2;

② 模板倒转 180°(上下颠倒),a 点沿 DL_2 平行移动(模板轴线始终平行于入航航迹),由出航保护区最远边界画出缩减区边界线 R。R 以外的区域可以缩减,如图 3-37 所示。

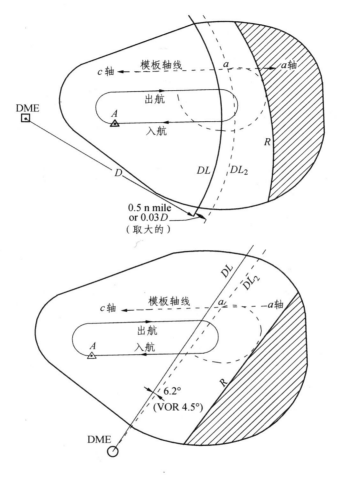

图 3-37 出航末端有限制线的区域缩减

(三)对直角航线程序限制进入路线的区域缩减

如果直角航线程序被限制从入航径向/方位线进入,则外加的全向进入区可以缩减,而且只用基本保护区。

图 3-38 所示为等待定位点和起始进近定位点在同一位置的区域缩减。在较高高度层上是全向进入的等待程序保护区,而较低高度层则是由等待程序沿入航径向/方位线进入的直角航线(进近程序)保护区,这一区域可不包括该高度上外加的全向进入区。

图 3-39 表示等待定位点和起始进近定位点不在同一位置的区域缩减。等待定位点在直角航线程序(仪表进近程序)入航航迹 30°(±15°)以内,等待程序保护区是全向进入区,直角航线区是不包括该高度、外加的全向进入区的基本区。

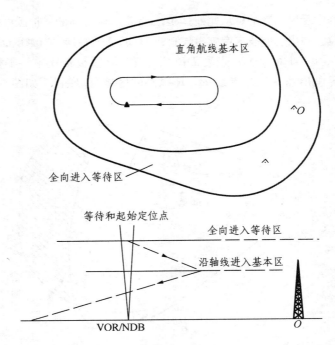

图 3-38　等待定位点和起始进近定位点在同一位置的区域缩减

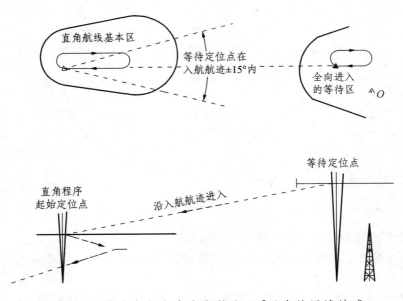

图 3-39　等待定位点在直角航线 30°以内的区域缩减

区域缩减后,可能有某些高大障碍物被排除出去,从而取得良好的运行效果。

二、反向和直角航线区的简化画法

周围地势比较平坦、空域比较开阔、净空条件比较好的机场,反向或直角航线保护区可用简单的坐标标定法来确定。这种保护区是一个长方形的区域,长方形区的大小用平面直角坐标(x,y)表示,坐标原点在电台处,x轴平行于入航航迹,y轴与x轴垂直,x、y值的正、负如图 3-40 所示。

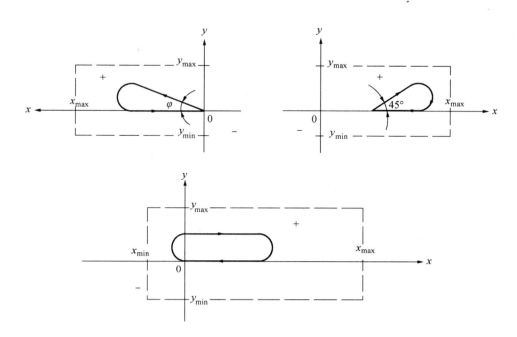

图 3-40　简化区的坐标系

x、y值按以下公式计算:

① 45°/180°程序转弯长方形区的计算公式

$$x_{max}=(0.016\ 5T+0.043\ 1)TAS+(0.016\ 5T+0.027\ 8)W+3.4$$

$$y_{max}=(0.002T+0.022)TAS+(0.002T+0.033\ 3)W-0.74$$

$$y_{min}=(-0.002T-0.013\ 7)TAS+(-0.002T-0.059\ 4)W+1.67$$

② 80°/260°程序转弯长方形区的计算公式

$$x_{max}=(0.016\ 5T+0.042\ 1)TAS+(0.016\ 5T+0.048\ 9)W-3.34$$

$$y_{max}=(0.002T+0.026\ 3)TAS+(0.002T+0.032\ 2)W-1.85$$

$$y_{min}=(-0.002T-0.01)TAS+(-0.002T-0.059\ 1)W+1.3$$

③ 基线转弯长方形区的计算公式

$$x_{max}=(0.017\ 3T+0.018\ 1)TAS+(0.016\ 6T+0.020\ 9)W-0.93$$

$$y_{max}=(-0.000\ 4T+0.037\ 3)TAS+(-0.007\ 2T+0.040\ 4)W+0.164T-3.15$$

$$y_{min}=(-0.012\ 2)TAS+(0.015\ 1T-0.063\ 9)W-0.184\ 5T+1.48$$

④ 直角航线长方形区的计算公式

$$x_{max}=(0.016\ 7T+0.029\ 7)TAS+(0.016\ 7T+0.038\ 1)W-1.67$$

$$x_{min}=(-0.024\ 1)TAS+(-0.037)W+2.04$$

$$y_{max}=(0.001\ 2T+0.026\ 6)TAS+(-0.015\ 8T+0.036\ 8)W+0.843T-5.37$$

$$y_{min}=(-0.001\ 5T-0.020\ 2)TAS+(-0.016\ 7T-0.027)W+1.3$$

以上公式时间单位为 min,速度单位为 km/h,距离单位为 km,只适用于 TAS 在 $165\sim$ 540 km/h($90\sim290$ kn)之间、W 在 120 km/h(65 kn)以下、出航时间在 $1\sim3$ min 之内。在这些范围之外不应使用上述公式。

例 1 基线转弯和直角航线程序,起始高度 $H=1\,850$ m,$T=2$ min,VOR 台(标高 0 m),计算其长方形区域坐标并标定其位置。

解

(1) 计算区域参数

$$TAS=1.124\,3\times260=292\quad(\text{km/h})$$

$$W=12\times1.85+87=109\quad(\text{km/h})$$

$$Z_v=1.85\times\tan 50°=2.205\quad(\text{km})\qquad(\text{VOR 标高 0 m})$$

(2) 计算基线转弯长方形区坐标

$$x_{\max}=(0.017\,3\times2+0.018\,1)\times292+(0.016\,6\times2+0.020\,9)\times109-0.93$$
$$=20.36\quad(\text{km})$$

$$y_{\max}=(-0.004\times2+0.037\,3)\times292+(-0.007\,2\times2+0.040\,4)\times109$$
$$+0.164\times2-3.15=10.67\quad(\text{km})$$

$$y_{\min}=-0.012\,2\times292+(0.015\,1\times2-0.063\,9)\times109-0.184\,5\times2+1.48$$
$$=-6.12\quad(\text{km})$$

标定区域时,应包括 VOR 台的定位容差 $Z_v=2.2$ km,如图 3-41 所示。

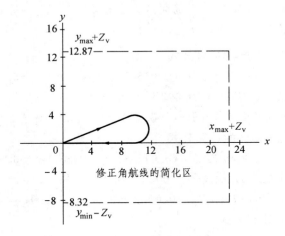

图 3-41 基线转弯的简化区

(3) 计算直角航线简化区坐标

$$x_{\max}=(0.016\,7\times2+0.029\,7)\times292+(0.016\,7\times2+0.038\,1)\times109-1.67$$
$$=26.22\quad(\text{km})$$

$$x_{\min}=-0.024\,1\times292-0.037\times109+2.04$$
$$=-9.03\quad(\text{km})$$

$$y_{max} = (0.001\,2 \times 2 + 0.026\,6) \times 292 + (0.015\,8 \times 2 + 0.036\,8) \times 109$$
$$+ 0.843 \times 2 - 5.37 = 12.24 \quad (km)$$
$$y_{min} = (-0.001\,5 \times 2 - 0.020\,2) \times 292 + (-0.016\,7 \times 2 - 0.027) \times 109 + 1.3$$
$$= -12.06 \quad (km)$$

标定区域时,各坐标值应增加 VOR 台的定位容差 $Z_v = 2.2$ km,如图 3-42 所示。

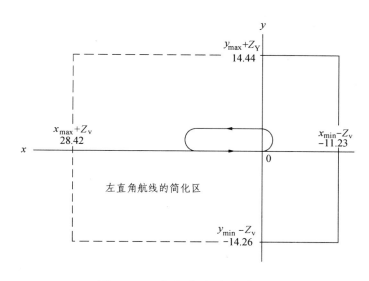

图 3-42 直角航线的简化区

反向或直角航线的简化区比用模板画出的保护区要大些,如果空域紧张,使用模板法标定保护区将会取得最大效益。

第五节 反向和直角程序的中间和最后进近区

反向或直角航线程序中的中间和最后进近航段,除在下述情况下其超障区有所区别外,所使用的准则与直线航线程序中的中间和最后进近航段相同。

一、电台在机场内(无 FAF)

有的机场,主要是一些边远地区的小型机场,只在机场内(指离可用着陆道面最近部分,在 1 n mile 以内)设置一个归航台(NDB 或 VOR),除此之外没有任何别的导航设施可以提供最后进近的下降定位点。这种情况只能建立反向或直角航线程序,并且这种程序中没有最后进近定位点(FAF)和中间航段,在完成反向或直角程序后飞机即可处于最后进近阶段。最后进近区的宽度,在 NDB 处为 ±1.25 n mile,以 10.3° 向两侧扩张;在 VOR 处为 ±1.0 n mile,以 7.8° 向两侧扩张。区域一直延伸到反向或直角航线保护区的最远边界,分为主区和副区两部分(各占区域总宽度的 50％)，如图 3-43 所示。

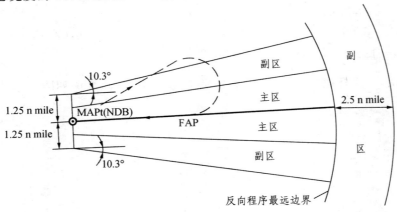

图 3-43　电台在机场内、无 FAF 的最后进近区

二、反向或直角程序的 FAF 是电台

有的机场所建立的反向或直角程序中，最后进近定位点是个电台，最后进近航段从 FAF（电台）开始到复飞点（MAPt）终止，航段的最佳长度为 5 n mile(FAF)，距入口一般是 6.5～9 km，中间航段如果有中间定位点（IF），则从 IF 开始，如果没有 IF（没有定位点用以标志下降的开始），中间进近应从反向或直角程序切入中间航迹开始。如图 3-44 所示，中间和最后进近区的宽度按下述标准确定。

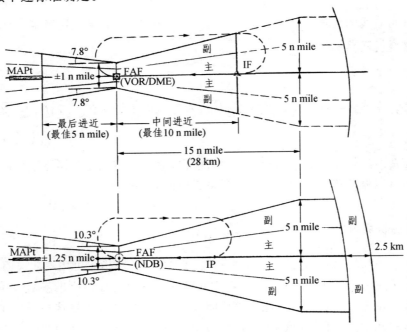

图 3-44　FAF 是电台的中间和最后进近区

1. 最后进近区的宽度

FAF 是 NDB 时,最后进近区在 NDB 处的宽度为±1.25 n mile,以 10.3°向两侧扩展并延伸到 MAPt 处。

FAF 是 VOR 时,最后进近区在 VOR 处宽±1 n mile,并以 7.8°向两侧扩展一直延伸到 MAPt 处。

最后进近区分为主区和副区,各占区域总宽度的 50%。

2. 中间进近区的宽度

中间进近区的宽度,从电台处宽±1.25 n mile(NDB)或±1 n mile(VOR)均匀扩展到离电台 15 n mile(28 km)处为±5 n mile,15 n mile 以远的区域保持 10 n mile 的总宽度,分为主区和副区,主、副区各占区域总宽度的一半。

如果有中间定位点(IF),中间进近区从 FAF 延伸到 IF 止;如果没有 IF,则中间进近区从 FAF 一直延伸到反向或直角航线保护区的最远边界为止。

三、反向或直角程序的 FAF 不是电台

如果反向程序或直角程序的 FAF 不是电台,则最后进近航段(FAF 至 MAPt)的安全保护区仍根据前述电台(NDB 或 VOR)处的宽度及其扩张角确定,而中间进近区的宽度,则由 FAF 处的宽度均匀扩展到离电台 15 n mile(28 km)处的宽度为±5 n mile(±9.3 km),此后保持这一宽度直到反向或直角航线保护区的最远边界,如图 3-45 所示。

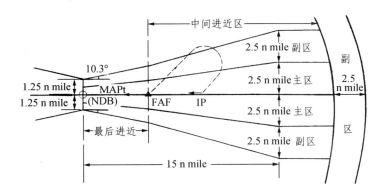

图 3-45　FAF 不是电台的中间和最后进近区

VAR5°W AERODROME ELEV 3 RWY18L THR ELEV 2

ATIS 132.25		TWR 118.1(124.3)(E)	
D-ATIS 132.25		118.65(118.25)(W)	
APP 120.3(119.75)	AP01	126.65(128.05)	AP05
(ZSSS) 125.4(119.75)	AP02	126.3(120.65)	AP06
125.85(119.20)	AP03	121.1(124.05)	AP07
123.8(119.20)	AP04	127.75(124.05)	AP08

ZSSS SHANGHAI/Hongqiao
VOR/DME RWY18L

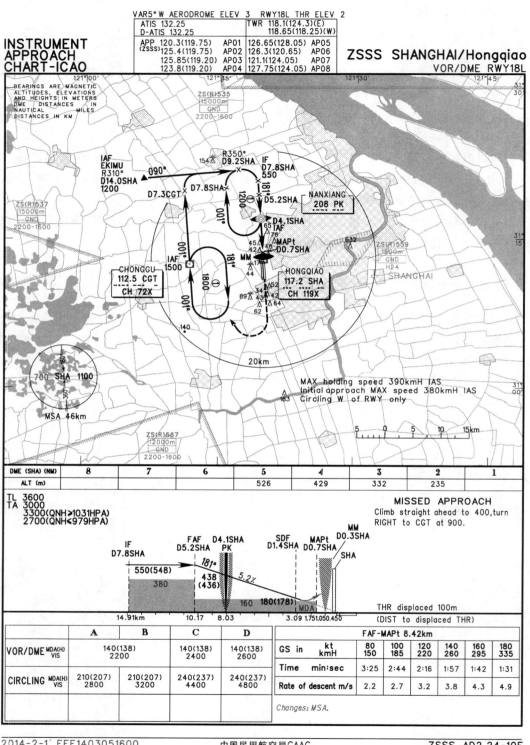

MAX holding speed 390kmH IAS
Initial approach MAX speed 380kmH IAS
Circling W of RWY only

MSA 46km

DME (SHA) (NM)	8	7	6	5	4	3	2	1
ALT (m)				526	429	332	235	

TL 3600
TA 3000
  3300(QNH>1031HPA)
  2700(QNH<979HPA)

MISSED APPROACH
Climb straight ahead to 400, turn
RIGHT to CGT at 900.

IF
D7.8SHA

FAF D4.1SHA
D5.2SHA PK

SDF MAPt
D1.4SHA D0.7SHA

MM
D0.3SHA
SHA

550(548)
380
181°
438
(436)
5.2%
160 180(178)
MDA

THR displaced 100m

14.91km 10.17 8.03   3.09 1.75 1.05 0.45

(DIST to displaced THR)

FAF-MAPt 8.42km

	A	B	C	D	GS in	kt kmH	80 150	100 185	120 220	140 260	160 295	180 335
VOR/DME MDA(H) VIS	140(138) 2200	140(138) 2400	140(138) 2600		Time min:sec		3:25	2:44	2:16	1:57	1:42	1:31
CIRCLING MDA(H) VIS	210(207) 2800	210(207) 3200	240(237) 4400	240(237) 4800	Rate of descent m/s		2.2	2.7	3.2	3.8	4.3	4.9

Changes: MSA.

(a)

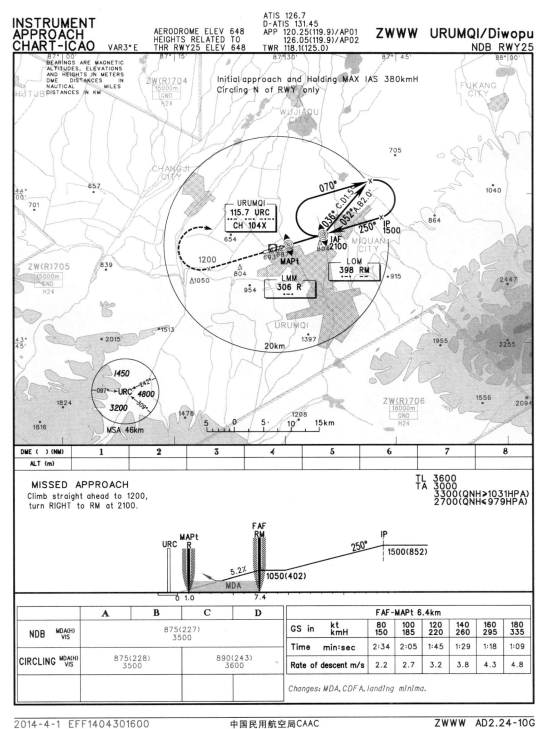

图 3-46 反向、直角和等待程序仪表进近图举例

复习思考题

3-1 简述反向航线程序的构成(航段划分、出航时间、偏置角、进入扇区限制)。

3-2 简述等待和直角航线程序的构成及进入方法。

3-3 简述保护区参数的限制(转弯坡度、风速、飞行技术容差等)。

3-4 简述基线转弯保护区的画法。

3-5 简述直角航线保护区的画法。

3-6 简述反向和直角航线程序的中间或最后进近的保护区规定。

第四章　ILS 精密进近程序设计

ILS 精密进近是利用仪表着陆系统提供航迹和下滑引导进行着陆的一种进近程序。本章将着重阐述 ILS 进近的有关准则和 *OCA/OCH* 的计算。

第一节　概　　述

一、仪表着陆系统的组成及其布局

仪表着陆系统(ILS)的地面设备由航向台(LLZ)、下滑台(GP)、指点标和灯光系统组成。

(一)航向台

航向台由一个甚高频发射机、调制器、分流器及天线阵组成。航向台的天线安装在跑道末端的中心延长线上,一般距跑道末端约 400～500 m。这种设备能在空间产生一条无线电航道,航道扇区的中心线必须调整得和跑道中心线一致。其有效作用距离在航道中心线左右 10°的地方,扇区内应达到 46 km(25 n mile),最小距离不少于 33 km(18 n mile);10°～35° 扇区内应达到 31 km(17 n mile),最低不能少于 19 km(10 n mile)。

在 LLZ 的有效范围内,驾驶员即可根据飞行仪表(HSI、ADI)的指示,使飞机切入航道对准跑道中心线飞行。

(二)下滑台

下滑台由高频发射机、调制器和上、下天线等组成。下滑台的天线安装在跑道入口内的一侧,一般距入口 250 m 左右,与跑道中心线的横向距离为 150 m 左右。这种设备能产生一种与跑道平面成一定角度的下滑道。下滑道在跑道入口处的高,即 ILS 基准高(RDH)为 15±3 m(标准 15 m),正常下滑角(θ)为 3°,特殊情况也可大于或小于 3°(可在 2°～5° 范围内调整)。在跑道中心线两侧各 8°的水平扇区中,在 0.3θ～1.75θ 的垂直范围内,有效距离至少为 19 km(10 n mile)。

在下滑台的有效范围内,驾驶员根据飞行仪表(HSI、ADI)的指示,使飞机切入下滑道并沿下滑道下降到规定的高度,进行着陆。

(三)指点标

在仪表着陆系统中,应配备两台或三台指点标机(I 类 ILS 一般配有两台),用以配合下滑道工作。它向上空发射一束锥形波束,当飞机通过指点标上空时,飞机内的接收显示设备即发出灯光和音响信号,使飞行员知道自己所处位置。

1. 内指点标台(IM)

内指点标台的位置要求安装在Ⅱ类精密进近的最低决断高 30 m 与标称下滑道的交点处,距入口在 75~450 m 之间,偏离中心线不能大于 30 m,以便在低能见度条件下,通过飞机内的灯光和音响信号指示,告诉飞行员即将到达跑道入口。

2. 中指点标台(MM)

中指点标台位于距跑道入口约 1 050 m(±150 m)处,偏离跑道中心线不得大于 75 m。在低能见度的条件下,通过飞机内的信号指示告诉飞行员,飞机已临近目视引导处(Ⅰ类着陆的最低决断高度 60 m)。

3. 外指点标台(OM)

外指点标台一般设置在最后进近点处(飞机沿航向道以中间航段最低高度切入下滑道的一点),为飞机提供进行高度、距离和设备工作情况检查的位置信息,距入口约 7.2 km(3.9 n mile),有时因地形和航行等原因,也可以设置在 6.5~11 km(3.5~6 n mile)之间,最好安装在跑道中心延长线上,实在不行,则距离跑道中心延长线不得大于 75 m。

二、仪表着陆系统的性能分类

仪表着陆系统根据它的引导性能可分为三类,各类 ILS 达到的最低着陆标准(性能标准)如表 4-1 所示。

表 4-1　ILS 的分类及其性能标准

性 能 标 准	ILS 的 分 类				
	Ⅰ类	Ⅱ类	Ⅲ 类		
			A	B	C
能见度(*VIS*)或 跑道视程(*RVR*)　(m)	*VIS* 不小于 800 *RVR* 不小于 550	300	175	50	0
决断高度(*DH*)　(m)	60	30	低于 30 或 0	低于 15 或 0	0

如果使用导航台(NDB、VOR)作为仪表着陆系统的补充,其位置应安装在外指点标或中指点标处,如果只使用一个导航台,最好安装在外指点标处。

三、ILS 进近程序结构

ILS 进近程序由进场航线、起始进近航段、中间进近航段、精密航段和最后复飞航段组成。除精密航段外,程序设计的一般准则也适用于 ILS 进近程序的其他航段。

(一) 起始进近航段

ILS 进近程序的起始进近航段从 IAF 开始,到 IF 止。IF 必须位于 ILS 的航向信标的有效范围内。为便于切入 ILS 航道,起始进近航迹与中间航迹的交角不应超过 90°,最好不超过

30°,以便使用自动驾驶(自动耦合)进近时,使自动驾驶与航向台信号耦合。当交角大于 70°时,必须提供至少 4 km(2 n mile)前置量的一条 VOR 径向线、NDB 方位线、雷达向量或 DME 测距信息,以便驾驶员操纵飞机提前转弯,正确地切入中间航迹。如果交角大于 90°,则应考虑使用反向程序、U 形程序或直角航线程序。

直线、反向和直角航线程序的起始进近保护区,与非精密进近的有关规定一致。关于使用 U 形程序或雷达向量引导至中间定位点(IF)的保护区将在后面的章节中阐述。

(二)中间进近航段

ILS 进近程序的中间航段从切入 ILS 航道的一点(中间进近点 IP)开始,至切入下滑道的一点(最后进近点 FAP)终止,其航迹方向必须与 ILS 航道一致。航段的长度应能使飞机切入下滑道之前稳定在航道上,最佳长度为 9 km(5 n mile),最小长度取决于从起始进近航迹切入中间航迹的角度,如表 4-2 所示。但这些最小数值只在可用空域受限制时才使用。

表 4-2　中间航段的最小长度

切入航道的角度	0~15°	16°~30°	31°~60°	61°~90°
中间航段最小长度(km/n mile)	2.8/1.5	3.7/2.0	4.6/2.5	5.6/3.0

中间航段的最大长度必须满足使这个航段完全处于航向台有效范围之内,一般 IF 至航向台天线的距离不超过 46 km(25 n mile)。

中间航段的保护区将在后面章节中阐述。

(三)精密航段

精密航段从最后进近点(FAP)开始,至复飞最后阶段的开始点或复飞爬升面到达 300 m 高的一点终止(以其中距入口较近者为准),包括最后进近下降过程和复飞的起始与中间阶段,如图 4-1 所示。

ILS 精密航段必须与航向台的航道一致。

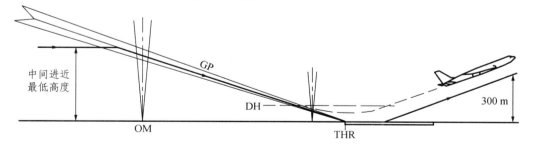

图 4-1　ILS 进近的精密航段

FAP 是在前一航段规定的最低高度上切入下滑道的一点,一般位于距入口不超过 19 km (10 n mile)的地方。在这个地方最好设置一个外指点标(OM),或用 DME 定位(也可设置导航台)。这样,最后进近点(FAP)就成了最后进近定位点(FAF),使前一航段的 MOC 与精密航段平滑地连接在一起,以便于飞行员在切入下滑道时,比较高度表与下滑道的指示,检查下滑道信号是否准确可靠。

OM 定位点的定位容差不应超过±0.9 km(±0.5 n mile)。如果用 DME 定位,则距离必须用海里的整数表示。

精密进近不设复飞定位点,复飞点在决断高度或高(DA/DH)与下滑道的交点处。

(四) 最后复飞航段

ILS 进近的最后复飞阶段,即精密航段后的复飞将在后面的有关章节中详细阐述。

四、程序设计的标准条件

① 航空器的尺寸:最大半翼展 30 m;着陆轮和 GP 天线飞行路线之间的垂直距离为 6 m。

② Ⅱ类 ILS 进近的飞行使用飞行指引仪。

③ 复飞上升梯度为 2.5%。

④ ILS 航道波束在入口的宽度为 210 m。

⑤ ILS 基准高(RDH)为 15 m(49 ft)。

⑥ 所有障碍物的高以跑道入口标高为基准。

⑦ Ⅱ类和Ⅲ类飞行时,附件 14 的内进近面、内过渡面和复飞面没有穿透。

当程序设计的实际条件与上述标准条件有差别时,必须进行调整。调整的内容和方法将在后面有关章节中阐述。

第二节　　障碍物的评价

与非精密进近程序的设计一样,精密进近程序设计的基本任务之一,就是确定精密进近的最低超障高度或最低超障高(OCA/OCH)。为了计算 OCH,必须对精密航段所要求的安全保护区内的障碍物进行评价,以判明哪些障碍物在计算 OCH 时必须予以考虑。

评价障碍物的方法有三种,即:① 使用障碍物限制面——基本 ILS 面评价障碍物;② 使用障碍物评价面——OAS 面评价障碍物;③ 使用碰撞危险模式(CRM)评价障碍物。这些方法依次增加了对障碍物处理的精密程度。用 CRM 评价的结果,可以达到精密进近的航空器与障碍物碰撞的危险率为 1×10^{-7}(即千万分之一)的安全目标。本节将着重阐述使用基本 ILS 面和 OAS 面评估障碍物的一般准则和方法。

一、使用基本 ILS 面评价障碍物

(一) 基本 ILS 面的构成

基本 ILS 面是在附件 14 面的基础上,为精密跑道 A、B 或 C 规定的一组障碍物限制面,它由下述的几个面构成,如图 4-2 所示。

1. 起降带

起降带自跑道入口前 60 m 起至入口后 900 m 止,宽 300 m(±150 m),是一个与跑道入口平面相重合的水平面。

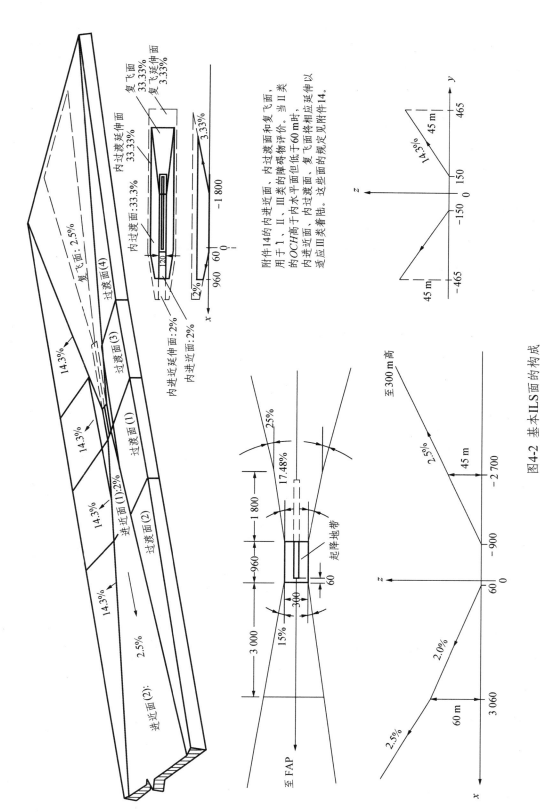

附件14的内进近面、内过渡面和复飞面、用于 I、II、III 类的障碍物评价。当 II 类的 OCH 高于内水平面但低于 60 m 时，内进近面、内过渡面、复飞面将延伸以适应 III 类着陆。这些面的规定见附件14。

图4-2 基本 ILS 面的构成

109

2. 进近面

进近面从入口前 60 m 开始,起始宽 300 m($\pm$150 m),两侧扩张率为 15%。第一部分以 2% 的梯度向上延伸至高 60 m 处,第二部分接着以 2.5% 的梯度继续延伸到最后进近点 (FAP)。

3. 复飞面

复飞面从入口之后 900 m 处开始,起始宽 300 m($\pm$150 m),以 2.5% 梯度紧沿两侧的过渡面向上延伸到内水平面的高度(45 m),其扩张率为 17.48%,然后改用 25% 的扩张率向两侧扩张直到精密航段的终点(上升梯度仍为 2.5%)。

4. 过渡面

过渡面沿起降带、进近面和复飞面的侧边,沿 y 轴方向以 14.3% 的梯度向上延伸到高 300 m 处。

Ⅱ 类 ILS 进近除上述的各个面外,还增加了一个内进近面、内过渡面和复飞面,这些面的规定详见国际民航组织附件 14《机场》。当 Ⅱ 类 OCH 高于内水平面但低于 60 m 时,内进近面、内过渡面和复飞面应相应延伸以适应 Ⅲ 类着陆对障碍物的评价。

(二) 基本 ILS 面的高度方程式

根据构成基本 ILS 面的各项标准,可以计算出相邻的各个面的交点坐标如图 4-3 所示。

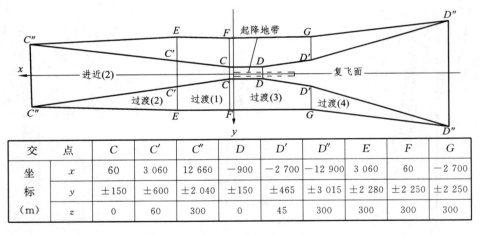

交 点		C	C'	C''	D	D'	D''	E	F	G
坐标 (m)	x	60	3 060	12 660	-900	$-2\,700$	$-12\,900$	3 060	60	$-2\,700$
	y	±150	±600	$\pm2\,040$	±150	±465	$\pm3\,015$	$\pm2\,280$	$\pm2\,250$	$\pm2\,250$
	z	0	60	300	0	45	300	300	300	300

图 4-3　基本 ILS 面的交点坐标

由这些交点坐标就可以导出每一个面的表达式,即该面的高度方程式。方程式中假定跑道是水平的,x、y 为障碍物所在位置的平面坐标,z 为该处 ILS 面的高,计算时,y 值不考虑其正负(取绝对值)。这些方程式分列如下:

进近(1)面　$z=0.02x-1.2=(x-60)\times2\%$

进近(2)面　$z=0.025x-16.5=(x-3\,060)\times2.5\%+60$

起降地带　　$z=0$

复飞面　　　$z=-0.025x-22.5=-(x-900)\times2.5\%$

过渡(1)面　$z=-0.001\,45x+0.143y-21.36$

过渡(2)面　$z=0.003\,55x+0.143y-36.66$

110

过渡(3)面　　$z = 0.143y - 21.45 = (y - 150)/7$

过渡(4)面　　$z = 0.01075x + 0.143y + 7.58$

内进近面、内过渡面和复飞面,同样可以根据其标准计算出它们的交点坐标并导出高度方程式,如图 4-4 所示。

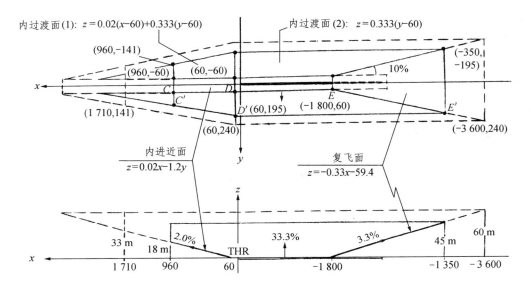

内过渡面(1): $z = 0.02(x-60) + 0.333(y-60)$
内过渡面(2): $z = 0.333(y-60)$

内进近面
$z = 0.02x - 1.2y$

复飞面
$z = -0.33x - 59.4$

图 4-4　内进近面、内过渡面、复飞面的交点坐标及表达式

(三) 评价的步骤和方法

用基本 ILS 面评价障碍物的基本步骤是:

① 判断障碍物在基本 ILS 面的哪一个面内。根据基本 ILS 面各交点坐标,先画出基本 ILS 面的示意模板(平面坐标图),然后根据每一个障碍物的 x、y 坐标,判断它所在的面。

② 将障碍物的坐标(x,y)代入所在面的高度方程式,计算出该处 ILS 面的高(z)。

③ 比较障碍物高(h)与基本 ILS 面高(z),如果障碍物高大于基本 ILS 面高,说明障碍物穿透了基本 ILS 面,否则没有穿透。

例 1　已知障碍物 $O_1(3\,500, 550)$ 高 $h_{O_1} = 68$ m,$O_2(-4\,200, -1\,525)$ 高 $h_{O_2} = 282$ m,问是否穿透基本 ILS 面?

解

(1) 评价 O_1

① 根据 O_1 的 x、y 坐标,利用 ILS 模板判断 O_1 在进近(2)面之下;

② 将 $x = 3\,500$ m 代入进近(2)面的高度方程式,计算出 ILS 面高为:

$$z = 0.025 \times 3\,500 - 16.5 = 71 \quad (m)$$

③ 障碍物高 $h_{O_1} = 68$ m,小于 ILS 面高,没有穿透基本 ILS 面。

(2) 评价 O_2

① 根据 O_2 的 x、y 坐标判断 O_2 在过渡面(4)之下;

② 将 $x = -4\,200$ m、$y = 1\,525$ m(取绝对值)代入过渡面(4)的高度方程式,计算出 ILS

111

面高为:

$$z=0.010\ 75\times(-4\ 200)+0.143\times1\ 525+7.58=180.5 \quad (m)$$

③ $h_{O_2}=282$ m,大于基本 ILS 面高,O_2 穿透了基本 ILS 面。

在标准条件下,没有穿透基本 ILS 面的障碍物不加限制,而穿透基本 ILS 面的任何一个面的障碍物,就成为控制障碍物,必须使用 OAS 面对其进行进一步的评估。

二、用 OAS 面评价障碍物

OAS 面是在基本 ILS 面之上的一组障碍物评价面,它的大小取决于 ILS 进近的分类及其几何数据,以及飞机的大小等因素,比使用基本 ILS 面评估障碍物要精确得多。因此,对于穿透基本 ILS 面的障碍物,还必须使用 OAS 面做进一步评价。但必须注意,基本 ILS 面是作为限制障碍物增长、确保机场净空的规划面,在跑道附近的某些位置,它要比 OAS 面更靠近跑道,因而 OAS 面并不能代替基本 ILS 面或附件 14 面。

(一) OAS 面的构成及其表达式

OAS 面由对称于精密进近航迹(ILS 航道)的 6 个斜面和包含入口的水平面(称入口水平面)组成,如图 4-5 所示。

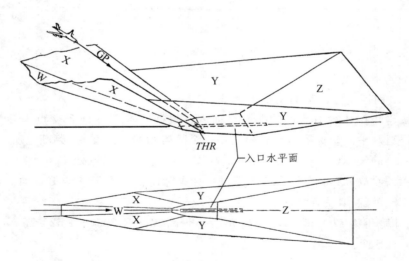

图 4-5　OAS 面的构成示意图

这些斜面分别称为 W 面、X 面、Y 面和 Z 面,各用一个线性方程式表示:

$$z=Ax+By+C$$

式中,x、y 为某一点的平面坐标,z 为该点所在位置的 OAS 面高(以入口标高为基准),A、B、C 为 OAS 常数,其中 A、B 分别为各斜面沿 x、y 方向的斜率,C 为斜面的截距。这些常数可根据 ILS 参数(航向台至入口距离 LLZ/THR 和下滑角 θ)、进近类别(Ⅰ类、Ⅱ类和Ⅱ类自动驾驶)及其复飞爬升梯度,从专用的 OAS 常数表上查出,从而建立各个斜面的表达式,即高度方程式。

112

OAS 面受精密航段的长度(W 和 X 面直至 FAP)和最高 300 m(Ⅰ类)或 150 m(Ⅱ类)的限制。

（二）OAS 常数

OAS 面的 A、B、C 常数列于国际民航组织 8168 号文件附录的 OAS 常数表内。这些附表根据航向台至入口距离(LLZ/THR)与下滑角(θ)的组合，分别列出了 θ 为 $2.5°\sim3.5°$，LLZ/THR 为 $2\,000\sim4\,500$ m 的各类 ILS 进近在标准条件下的 OAS 常数及其模板坐标。自 $2.5°$、$2\,000$ m 算起，θ 每 $0.1°$、LLZ/THR 每 200 m 为一面，表 4-3 列举的是其中经常用到的部分($\theta=3.0°$、$LLZ/THR=3\,000$ m)，供学习时参考。

表 4-3　OAS 常数表

		ILS　OAS 数据：下滑角为 3°，				LLZ/THR 距离为 3 000 m				
OAS 面	复飞爬升梯度	ILS　OAS 常数								
		CAT　Ⅰ			CAT　Ⅱ			CAT　Ⅱ（自动驾驶）		
		A	B	C	A	B	C	A	B	C
W		.028500	.000000	−8.01	.035800	.000000	−6.19	0.35800	.000000	−6.19
W*								.042000	.000000	−12.39
X		.027681	.182500	−16.72	.035282	.234700	−21.59	.041370	.275200	−25.32
Y	5.0%	.017858	.254997	−29.32	.025666	.366481	−42.13	0.025666	.366481	−42.13
Z		−.050000	.000000	−45.00	−.050000	.000000	−45.00	−.050000	.000000	−45.000
Y	4.0%	.020158	.238021	−26.37	.028152	.332409	−36.82	.028152	.332409	−36.82
Z		−.040000	.000000	−36.00	−.040000	.000000	−36.00	−.040000	.000000	−36.00
Y	3.0%	.022585	.220112	−23.26	.030627	.298491	−31.54	.030627	.298491	−31.54
Z		−.030000	.000000	−27.00	−.030000	.000000	−27.00	−.030000	.000000	−27.00
Y	2.5%	.023948	.210054	−21.51	.031955	.280291	−28.70	.031955	.280291	−28.20
Z		−.025000	.000000	−22.50	−.025000	.000000	−22.50	−.025000	.000000	−22.50
Y	2.0%	.025360	.199629	−19.70	.033287	.262031	−25.85	.033287	.262031	−25.85
Z		−.020000	.000000	−18.00	−.020000	.000000	−18.00	−.020000	.000000	−18.00
交点	复飞爬升梯度	OAS 模板坐标　（m）								
		入口标高								
		CAT　Ⅰ			CAT　Ⅱ			CAT　Ⅱ（自动驾驶）		
		x	y		x	y		x	y	
C		281	49		173	66		173	66	
D		−286	135		−286	135		−286	135	
E	5.0%	−900	178		−900	178		−900	178	
	4.0%	−900	187		−900	187		−900	187	
	3.0%	−900	198		−900	198		−900	198	
	2.5%	−900	205		−900	205		−900	205	
	2.0%	−900	213		−900	213		−900	213	

113

交点	复飞爬升梯度	OAS模板坐标 （m）					
		入口标高					
		CAT Ⅰ		CAT Ⅱ		CAT Ⅱ（自动驾驶）	
		300 m 高		150 m 高		150 m 高	
		x	y	x	y	x	y
C''		10870	96	4362	75	3866	55
C'''						1000	49
D''	5.0%	5438	910	2576	343	1404	425
E''		−6900	1774	−3900	797	−3900	797
D''	4.0%	5438	910	2576	343	1143	465
E''		−8400	2082	−4650	955	−4650	955
D''	3.0%	5438	910	2576	343	605	546
E''		−10900	2587	−5900	1213	−5900	1213
D''	2.5%	5438	910	2576	343	−13	639
E''		−12900	3001	−6900	1424	−6900	1424
D''	2.0%	5438	910	2576	343	−1462	856
E''		−15900	3621	−8400	1738	−8400	1738
说　明	C''''为 W 面与 W^* 面（Ⅱ类自动驾驶）交线高度 29.6 m 之上的坐标						

1. 常数表的查法

查 OAS 常数时,应根据程序设计的 ILS 参数(θ 和 LLZ/THR 距离)先找出相应的常数表。如果 θ、LLZ/THR 在列表的两个数值之间,应使用其中数值较低的常数表;如果 θ、LLZ/THR 在列表的数值范围之外,则应使用相应的最小值或最大值的常数表,例如,$\theta=2.4°$,$LLZ/THR=4\ 600$ m,应使用 $2.5°/4\ 500$ m 的常数表。之后按进近类别(Ⅰ类、Ⅱ类、Ⅱ类自动驾驶)和复飞爬升梯度,从表上查出各个斜面的 A、B、C 常数。

程序设计一般以 2.5% 复飞爬升梯度为准,但如果经证明能达到的复飞梯度比规定的 2.5% 好时,可以选用 3%、4% 或 5% 的梯度,并以此确定相应的 Y 面和 Z 面。2% 复飞梯度可用于没有显著障碍物并能提供必要的安全保障资料的机场。表中列出的Ⅱ类自动驾驶的 OAS 常数,在Ⅱ类进近使用自动驾驶(自动耦合)时使用,这是一个缩小的 OAS 面(通过对 X 面的 A、B、C 常数进行修正,并引入一个 W^* 面),由于使用自动驾驶提高了保持航道的稳定性,经有关当局批准,Ⅱ类进近使用的 OAS 面可以缩小。没有自动耦合的进近,则不允许使用这一缩小的 OAS 面。

2. 非标准条件对 OAS 常数的修正

从表上查出的是标准条件时的数值,当程序设计的实际条件与标准条件不相符时,应对所查出的常数进行修正。

（1）飞机尺寸不标准时的修正

在介绍程序设计的条件时已经讲过,采用的飞机标准尺寸为:飞机最大半翼展为 $S=30$ m;着陆轮与下滑接收天线轨迹之间的垂直距离 $L=6$ m。当实际的 $S>30$ m、$L>6$ m 时,

114

必须对 W、W*、X、Y 面的常数 C 进行修正(小于标准数值可以修正也可以不修正),即:

$$C_{W修}=C_W-(L-6), \qquad C_{W*修}=C_{W*}-(L-6)$$

$$C_{X修}=C_X-B_X \cdot P, \qquad C_{Y修}=C_Y-B_Y \cdot P$$

式中,$P=\left(\dfrac{L}{B_X}或\ S+\dfrac{L-3}{B_X},取最大值\right)-\left(\dfrac{6}{B_X}或\ 30+\dfrac{3}{B_X},取最大值\right)$。

根据推导:当 $L>6$ m 时,$S+\dfrac{L-3}{B_X}>\dfrac{L}{B_X}$;当 $B_X>0.1$ 时,$30+\dfrac{3}{B_X}>\dfrac{6}{B_X}$。

由于该项修正在 $L>6$ m 时必须进行,而 B_X 往往大于 0.1,因此,一般应按下式计算 P 值:

$$P=(S-30)+\dfrac{L-6}{B_X}$$

(2) ILS 基准高(RDH)不标准时的修正

规定 ILS 下滑道在入口的标准高 RDH 为 15 m,如果实际的 RDH 小于 15 m,则必须对 W、W*、X、Y 面的常数 C 进行修正;大于 15 m 时,可以修正也可以不修正。修正的公式为:

$$C_{修}=C+(RDH-15)$$

例 2 程序设计参数为:$\theta=3°,LLZ/THR=3\ 000$ m,$RDH=14$ m,波束入口宽 $l=240$ m,$S=32$ m,$L=10$ m。I 类 ILS 进近,复飞上升梯度为 2.5%,求 W、X、Y 面修正后的常数 C。

解

(1) 先查出标准条件的 OAS 常数

	W 面	X 面	Y 面	Z 面
A	0.028500	0.027681	0.023948	-0.025000
B	0	0.182500	0.210054	0
C	-8.01	-16.72	-21.51	-22.50

(2) 计算 W 面修正后的常数 C

$$C_{W修}=C_W-(L-6)+(RDH-15)$$
$$=-8.01-(10-6)+(14-15)=-13.01 \quad (m)$$

(3) 计算 X 面和 Y 面修正后的常数 C

求 P 值:

$$P=(S-30)+\dfrac{L-6}{B_X}=(32-30)+\dfrac{10-6}{0.1825}$$
$$=23.917\ 8$$

求 $C_{X修}$:

$$C_{X修}=C_X-B_X \cdot P+(RDH-15)$$
$$=-16.72-0.1825\times23.9178+(14-15)=-22.085 \quad (m)$$

求 $C_{Y修}$:

$$C_{Y修}=C_Y-B_Y \cdot P+(RDH-15)$$
$$=-21.51-0.210\ 054\times23.917\ 8+(14-15)=-27.534 \quad (m)$$

经修正后，OAS 各个面的方程式为：

$$z_W = 0.028\ 5x - 13.01$$
$$z_X = 0.027\ 681x + 0.182\ 5y - 22.085$$
$$z_Y = 0.023\ 948x + 0.210\ 054y - 27.534$$
$$z_Z = -0.025x - 22.5$$

（3）Ⅰ类航向台航道过宽的修正

如果 ILS 航道波束在入口处的宽度（l）大于规定的 210 m，则由该航向台到入口距离所确定的 OAS 面对评价障碍物是不合适的。在这种情况下，纵坐标在 $x = -C_W/A_W$（W 面与入口水平面相交处）之前的所有障碍物，其 y 坐标必须进行如下修正（l 小于 210 m 时则不必进行修正）：

$$y_{修} = y - \frac{(A_W \cdot x + C_W)(l - 210)}{2A_W \cdot LLZ/THR}$$

式中，C_W 常数包括其他非标准条件的所有修正。

例 2 中，$LLZ/THR = 3\ 000$ m，$l = 240$ m，$C_W = -13.01$，$A_W = 0.028\ 5$，由于 $l > 210$ m，因此在 $x = \frac{13.01}{0.028\ 5} = 456.5$ m 这一点之前的所有障碍物，其 y 坐标必须进行修正后才能用以对障碍物进行评估。假设某障碍物坐标为 $x = 800$ m，$y = 350$ m，则修正后的 y 坐标为：

$$y_{修} = 350 - \frac{(0.028\ 5 \times 800 - 13.01) \times (240 - 210)}{2 \times 0.028\ 5 \times 3\ 000} = 348.3 \quad (m)$$

对于确定的 OAS 面，$y_{修}$ 计算公式中除障碍物坐标 x、y 为变量外，其余均为常量。如果需要做修正计算的障碍物不只一个，则可先进行常数化简，得出简化公式，如上面的计算公式可化简为 $y_{修} = y - (0.004\ 856x - 2.28)$，这样，只要将各个障碍物的 x、y 值代入公式中，即可计算出该障碍物的 $y_{修}$，大大地简化了计算。

（三）OAS 模板

Ⅰ类 OAS 模板由各个斜面的 0 m 等高线（各斜面与入口水平面的交线）和 300 m 等高线（各斜面与 300 m 高水平面的交线）构成。Ⅱ类 OAS 模板则由各斜面的 0 m 等高线与 150 m 等高线构成。利用 OAS 模板可以帮助鉴别障碍物所在的面以及需要详细测量的障碍物。

构成模板的基本数据是各等高线的交点（C、D、E 和 C''、D''、E''）坐标 x、y，称为 OAS 模板坐标。标准条件的坐标值，列于 OAS 常数表中，根据这些坐标值即可绘出 OAS 面的模板，如图 4-6 所示。

当程序设计的条件与标准条件不相符时，OAS 模板坐标则应根据修正后的 OAS 方程式求出，其基本步骤是：

① 列出各斜面高为 $h(z = h)$ 的等高线方程式；

② 解各条等高线的联立方程式，求出其交点坐标。

116

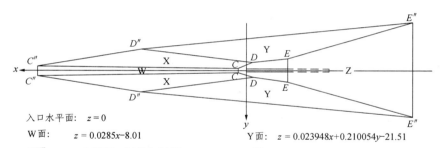

入口水平面：$z=0$

W面：$z=0.0285x-8.01$

Y面：$z=0.023948x+0.210054y-21.51$

X面：$z=0.02782x+0.1825y-16.72$

Z面：$z=-0.025x-22.5$

交点 坐标	C	D	E	C''	D''	E''
x	281	-286	-900	10 807	5 438	$-12\ 900$
y	±49	±135	±205	±96	±910	$\pm3\ 001$
z	0	0	0	300	300	300

图 4-6　OAS 的模板（Ⅰ类标准条件）示意图

例 3　前面例子中所确定的Ⅰ类 OAS 面各方程式为：

$$z_W=0.028\ 5x-13.01$$

$$z_X=0.027\ 681x+0.182\ 5y-22.085$$

$$z_Y=0.023\ 948x+0.210\ 054y-27.534$$

$$z_Z=-0.025x-22.5$$

求该 OAS 面的模板坐标。

解

(1) 求 C、D、E 点（0 m 等高线各斜面交点）的坐标

0 m 等高线各斜面的方程式为：

W 面　$0.028\ 5x-13.01=0$ ①

X 面　$0.027\ 681x+0.182\ 5y-22.085=0$ ②

Y 面　$0.023\ 948x+0.210\ 054y-27.534=0$ ③

Z 面　$-0.025x-22.5=0$ ④

式①、式②联立求解得 C 点坐标：

$$x_C=\frac{13.01}{0.0285}=456.49\quad(\text{m})$$

$$y_C=\frac{22.085-0.027\ 681\times456.49}{0.183\ 5}=51.77\quad(\text{m})$$

式②、式③联立求解得 D 点坐标：

$$x_D=\frac{\begin{vmatrix}22.085 & 0.182\ 5\\ 27.534 & 0.210\ 054\end{vmatrix}}{\begin{vmatrix}0.027\ 681 & 0.182\ 5\\ 0.023\ 948 & 0.210\ 054\end{vmatrix}}=\frac{22.085\times0.210\ 054-27.534\times0.182\ 5}{0.027\ 681\times0.210\ 054-0.023\ 948\times0.182\ 5}$$

$$=-267.25\quad(\text{m})$$

$$y_D = \frac{22.085 - 0.027\,681 \times (-267.25)}{0.018\,25} = 161.55 \quad (\text{m})$$

式③、式④联立求解得 E 点坐标

$$x_E = \frac{-22.5}{0.025} = -900 \quad (\text{m})$$

$$y_E = \frac{27.534 - 0.023\,948 \times (-900)}{0.210\,054} = 233.69 \quad (\text{m})$$

（2）求 C''、D''、E'' 点（各斜面 300 m 等高线交点）的坐标

各斜面 300 m 等高线方程式为：

W 面　$0.028\,5x - (300 + 13.01) = 0$ ①′

X 面　$0.027\,681x + 0.182\,5y - (300 + 22.085) = 0$ ②′

Y 面　$0.023\,948x + 0.182\,5y - (300 + 27.453\,4) = 0$ ③′

Z 面　$-0.025x - (300 + 22.5) = 0$ ④′

解各等高线的联立方程式，求出 C''、D''、E'' 点坐标（计算方法同上），计算的结果为：

$$x_{C''} = 10\,982.81 \text{ m}, \qquad y_{C''} = 99 \text{ m}$$
$$x_{D''} = 5\,457.28 \text{ m}, \qquad y_{D''} = 937.11 \text{ m}$$
$$x_{E''} = -12\,900 \text{ m}, \qquad y_{E''} = 3\,030 \text{ m}$$

一般来说，OAS 各斜面高为 $h(z = h)$ 的等高线方程式为：

$$A_W x = h - C_W \tag{a}$$
$$A_X \cdot x + B_X \cdot y = h - C_X \tag{b}$$
$$A_Y \cdot x + B_Y \cdot y = h - C_Y \tag{c}$$
$$A_Z \cdot x + B_Z \cdot y = h - C_Z \tag{d}$$

式（a）、式（b）联立求出 C 点坐标；式（b）、式（c）联立求出 D 点坐标；式（c）、式（d）联立求出 E 点坐标。这就是求任意高度上 OAS 面交点坐标的通式。

(四) 评估步骤与方法

评价一个障碍物是否穿透 OAS 面时，各类 ILS 进近所用的 OAS 面为：

· Ⅰ类 ILS 进近　使用Ⅰ类 OAS 面。

· Ⅱ类 ILS 进近　使用Ⅱ类 OAS 面及位于Ⅱ类 OAS 面之上的Ⅰ类 OAS 面部分。

· Ⅲ类 ILS 进近　使用的 OAS 面与Ⅱ类相同。

评价的一般步骤和方法是：

① 根据程序设计的条件和进近类别，建立起相应的 OAS 方程式。建立方程式时，如果是非标准条件，必须按前述方法对常数 C 进行修正。

② 借助 OAS 模板估计障碍物所在的面。标准条件时，各类进近的 OAS 模板坐标直接从 OAS 常数表中查出，非标准条件则应通过计算建立起来的 OAS 方程式求出（方法已如前述），然后绘出 OAS 示意模板，以便根据障碍物坐标判断其所在的面。有的障碍物可以有把握地判明它在哪一个 OAS 面内，而有的障碍物则只能大体地估计它在某两个甚至三个相邻的面内。

③ 将障碍物坐标 (x, y) 代入其所在面的方程式，解算出该处的 OAS 面高（z 值）。有的障

碍物如果只能估计它在两个相邻的面内,则应分别计算出这两个面的高,其中数值较大者就是障碍物所在的面。计算 OAS 面高时,y 值不考虑其正负。

④ 比较障碍物高(h_O)与 OAS 面高(z),如果 h_O 大于 z,说明障碍物穿透了 OAS 面,否则没有穿透。

例 4 Ⅰ类 ILS 进近,$\theta = 3°$,$LLZ/THR = 3\,000$ m,标准条件,障碍物 $O(975, -65)$ 高 $h_O = 25$ m,判断是否穿透 OAS 面。

解

(1)根据程序设计的条件,建立的 OAS 方程如下:

$$z_W = 0.028\,5x - 8.01$$
$$z_X = 0.027\,681x + 0.182\,5y - 16.72$$
$$z_Y = 0.023\,948x + 0.210\,054y - 21.51$$
$$z_Z = -0.025x - 22.5$$

(2)根据查出的 OAS 模板坐标画出 OAS 示意模板(参见图 4-6)。

(3)因障碍物坐标 $x = 975$ m、$y = -65$ m,借助模板估计在 X 面或 W 面,分别计算出:

$$z_X = 0.027\,681 \times 975 + 0.182\,5 \times 65 - 16.72 = 22.13 \quad (\text{m})$$
$$z_W = 0.028\,5 \times 975 - 8.01 = 19.78 \quad (\text{m})$$

$z_X > z_W$,说明障碍物在 X 面之下。

(4)障碍物高 $h_O = 25$ m,$h_O > z_X$,表明该障碍物穿透了 X 面。

穿透基本 ILS 面和 OAS 面的障碍物,在确定 OCH 时必须予以考虑。但是,如果是为了满足航行上的需要而必须保留的物体,只要是质轻易碎,对飞行安全没有不利的影响,经过有关当局批准则可不予考虑,如表 4-4 所示。

表 4-4 计算 *OCA/H* 可以忽略不计的物体

物 体 名 称	高出入口的最大高度	偏离跑道中线的最小距离
GP 天线	17 m(55 ft)	120 m
滑行中的飞机	22 m(72 ft)	150 m
在等待区域入口至−250 m 之间滑行的飞机	22 m(72 ft)	120 m
在等待区域入口至−250 m 之间滑行的飞机(只限于Ⅰ类着陆)	15 m(50 ft)	75 m

三、使用碰撞危险模式(CRM)评价障碍物

CRM 是一个计算机程序,它既是第二种方法(OAS 准则)的备用方法,也用于 OAS 面之下障碍物密度过大的情况。CRM 模式接受所有障碍物作为输入,对任何 OCH 进行单独障碍物的危险或所有障碍物的积累危险评价。这种方法能帮助正确选择一个 OCH,这个数值能保证由于单独的或密集的障碍物造成的危险在总的安全目标之内。

关于 CRM 程序的规定和使用说明,包括所需的输入和输出数据与格式,均载于国际民航

组织文件 DOC9274—AN/904《ILS 飞行依据 CRM 使用手册》中,由于我国目前进行的程序设计未使用这一模式,这里就不详述了(8168 号文件的 21.4.9 节略有说明)。

第三节 确定 ILS 进近的 *OCH*

ILS 进近的最低超障高度或最低超障高(OCA/H),是制定精密进近的最低着陆标准的基本依据之一。这高度必须能够确保航空器在精密航段及其后的复飞中的飞行安全。因此,应在评估障碍物的基础上,计算出 ILS 精密航段的最低超障高(OCH),检查精密航段后复飞的超障余度,并进行必要的飞行检验,然后呈报民航局审批公布。

一、计算精密航段的 *OCH*

计算精密航段的 OCH 要考虑穿透基本 ILS 面和 OAS 面的所有障碍物。这些障碍物分为两类,即进近障碍物(在 FAP 至入口以后 900 m 之间的障碍物)和复飞障碍物(在其余精密航段内的障碍物)。由于精密航段中的飞行包括了最后进近时的下降和失误进近时的复飞爬升过程,因此计算 OCH 时,进近障碍物与复飞障碍物应区别对待,为此,必须首先区分出穿透 ILS 面和 OAS 面的障碍物中,哪些属于进近障碍物,哪些属于复飞障碍物,然后将每一个复飞障碍物的高换算成当量进近障碍物的高(即复飞障碍物当量高),最后根据规定的高度表余度或高度损失,计算出精密航段的 OCH。

(一)鉴别进近障碍物和复飞障碍物的方法

区分进近障碍物与复飞障碍物最简便的方法,就是以入口之后 900 m($x=-900$ m)为界,在此之前(即障碍物的纵坐标 $x \geqslant -900$ m)为进近障碍物,在此之后($x<-900$ m)为复飞障碍物,如图 4-7(a)所示。由于 $x=-900$ m 之前的某些障碍物可能在复飞航径之下,飞机飞越这些障碍物时是在上升而不是下降,因此这些障碍物如果划分为进近障碍物,将会造成最低着陆标准不必要的增大,不利于发挥机场运行效益(于航行不利)。有利的方法应当是:以通过入口之后 900 m 且平行于标称下滑道 GP 面的斜面 GP′为分界面,凡 $x<-900$ m 或高于 GP′面的障碍物,都属于复飞障碍物;低于 GP′面的障碍物则属于进近障碍物,如图 4-7(b)所示。

GP′面的高度方程式为:

$$z_{GP'} = (x+900)\tan\theta$$

将障碍物的 x 坐标代入上面的方程式,计算出该处的 GP′面高($z_{GP'}$)与障碍物高(h_O),比较即可鉴别该障碍物属于哪一类障碍物。如果 $h_O \leqslant z_{GP'}$,属于进近障碍物;若 $h_O > z_{GP'}$,则属于复飞障碍物。

例如,穿透基本 ILS 面和 OAS 面(标准条件)的障碍物 $O(-360,280)$ 高 $h_O=21$ m,该处 $z_{GP'}=(-360+900)\tan 3°=28.3$ m,$h_O<z_{GP'}$,表明该障碍物在 GP′面之下,属于进近障碍物。

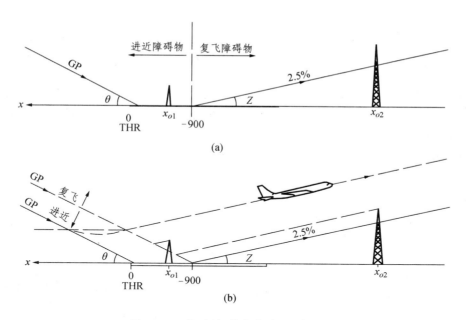

図 4-7 进近障碍物与复飞障碍物

（二）计算复飞障碍物当量高

区分出进近障碍物和复飞障碍物之后,应当按下式将复飞障碍物高(h_{ma})换算为当量进近障碍物高(h_a)：

$$h_a = \frac{(x+900)+h_{ma}\cot Z}{\cot Z+\cot \theta}$$

式中,x 为障碍物的纵坐标,θ 为 ILS 下滑道的下滑角(标准 $3°$),Z 为 OAS 面的 Z 面(ILS 面复飞面)的倾斜角(标准复飞梯度即 $\tan Z = 2.5\%$),如图 4-8 所示。

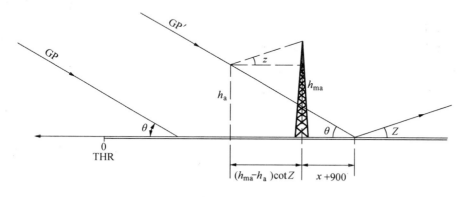

图 4-8 h_{ma} 与 h_a 的关系

在穿透基本 ILS 面和 OAS 面的进近障碍物高和复飞障碍物当量高中,其数值最大者,就是计算精密航段 OCH 的控制障碍物。

（三）计算 OCH 值

为了保证安全飞越穿透 ILS 面和 OAS 面的障碍物,OCH 应在控制障碍物高的基础上加上一个高度表余度或高度损失(HL),即：

$$OCH = h_o + HL$$

高度表余度(HL)是考虑到飞机由最后进近的下降转为复飞上升时,飞机的惯性和空气动力性能以及高度表误差等因素所引起的高度损失,它的数值如表 4-5 所列。该数值是按照飞机在规定的进近航径上,在 OCH 高度上使用正常手操纵复飞程序的情况计算得到的,只适用于Ⅰ、Ⅱ类进近。这些数值没有考虑障碍物的横向位移,也没有考虑飞机会有偏离的可能性,如果需要考虑这些综合的可能性,则应使用危险碰撞模式(CRM)。

表 4-5 中没有列出的 E 类飞机($Vat = 307/390$ km/h)或特定的入口速度(Vat)所要求的高度表余度,应按下式计算:

使用无线电高度表　　$HL = 0.096 Vat - 32$

使用气压式高度表　　$HL = 0.068 Vat + 28.3$

式中,Vat 的单位为 km/h,HL 的单位为 m。

表 4-5　高度表余度/高度损失(HL)

飞机分类	使用气压高度表(Ⅰ类) (m/ft)	使用无线电高度表(Ⅱ类) (m/ft)
A($Vat < 169$ km/h)	40/130	13/42
B(Vat 为 169～222 km/h)	43/142	18/59
C(Vat 为 223～260 km/h)	46/150	22/71
D(Vat 为 261～306 km/h)	49/161	26/85

遇下列情况时,表 4-5 所列的数值应予以修正:

① 机场标高大于 900 m(2 953 ft)时,每 300 m 应增加无线电高度表余度的 2%。

② 下滑角大于 3.2°时,每大出 0.1°应增加无线电高度表余度的 5%。

表 4-5 所列数值对于特殊类型的飞机也可以进行修正,但必须有足够的飞行理论依据,即高度损失数值相当于 1×10^{-5} 的概率(复飞率为 10^{-2})。

例 5　Ⅰ类 ILS,标准条件,已知下列障碍物:$O_1(975, 65, 25)$;$O_2(-1\ 500, -500, 55)$;$O_3(4\ 260, 205, 86)$。求精密航段内的 OCH。

解

(1)使用基本 ILS 面评估障碍物

O_1 在进近(1)面:

$$z_1 = (x - 60) \times 2\% = 18.3 \text{ m}$$

$z_1 < h_{O_1}$,O_1 穿透进近(1)面。

O_2 在过渡(3)面:

$$z_2 = 0.143 y - 21.43 = 50.1 \text{ m}$$

$z_2 < h_{O_2}$,O_2 穿透起降过渡面。

O_3 在进近(2)面:

$$z_3 = (x - 3\ 060) \times 2.5\% + 60 = 90 \text{ m}$$

$z_3 > h_{O_3}$,O_3 未穿透进近(2)面。

(2)使用 OAS 面评估障碍物

122

O_1 可能在 W 面或 X 面内：

$$z_W = 0.028\ 5x - 8.01 = 19.8\ \text{m}$$
$$z_X = 0.027\ 681x + 0.182\ 5y - 16.72 = 22.1\ \text{m}$$

O_1 在 X 面内,穿透 X 面。

O_2 可能在 Z 面或 Y 面内：

$$z_Z = -0.025x - 22.5 = 15\ \text{m}$$
$$z_Y = 0.023\ 948x + 0.210\ 054y - 21.51 = 47.6\ \text{m}$$

O_2 在 Y 面内,穿透 Y 面。

O_3 可能在 X 面或 Y 面内：

$$z_X = 0.027\ 681x + 0.182\ 5y - 16.72 = 138.6\ \text{m}$$
$$z_Y = 0.023\ 948x + 0.210\ 054y - 21.51 = 123.6\ \text{m}$$

O_3 在 X 面内,未穿透 X 面。

（3）计算 OCH

$$z_{GP'} = (900 + 975) \times \tan 3° = 98.3\ \text{m}$$

因 $h_O < z_{GP'}$,O_1 为进近障碍物。

O_2 为复飞障碍物,其进近当量高为：

$$h_a = [(x + 900) + h_{ma} \times \cot Z] / (\cot Z + \cot \theta) = 27.1\ \text{m}$$

比较 O_1 与 O_2,确定 O_2 为控制障碍物,各类航空器的 OCH 如下：

- A 类　$OCH = 27.1 + 40 = 67.1$（m）（取整 70 m）。
- B 类　$OCH = 27.1 + 43 = 70.1$（m）（取整 75 m）。
- C 类　$OCH = 27.1 + 46 = 73.1$（m）（取整 75 m）。
- D 类　$OCH = 27.1 + 49 = 76.1$（m）（取整 80 m）。

二、检查精密航段后复飞的超障余度

为了确保飞机在精密航段之后的复飞中,能够安全地飞越复飞区里的所有障碍物,在计算出精密航段的最低超障高(OCH_{PS})之后,应检查精密航段后的复飞(即复飞最后阶段)的超障余度。

ILS 进近最后复飞的准则是,在一般准则的基础上,考虑到 ILS 精密进近的特点而进行了某些修正。如起始爬升点(SOC)的位置、复飞区的大小、直线复飞的超障余度以及对 OCH 和复飞转弯高度的调整方法等,都与非精密进近有所不同。下面将依据其特点,说明检查 ILS 进近最后复飞的超障余度的有关问题。

（一）确定起始爬升点的位置

为了检查最后复飞的超障余度,必须首先确定用于计算超障高的起始爬升点(SOC)。ILS 进近的复飞是在标称下滑道(GP)到达决断高的一点开始,考虑到下降转入上升的过渡,ILS 进近复飞上升的起始点(SOC)是在 GP′ 到达"$OCH - HL$"的一点开始,该点的 x 轴坐标(x_{soc})根据 GP′ 面的高度方程式 $z_{GP'} = (x + 900)\tan \theta$ 求出,如图 4-9 所示。图中,$z_{GP'} = OCH - HL$,θ 为 ILS 下滑道的下滑角(标准为 3°)。

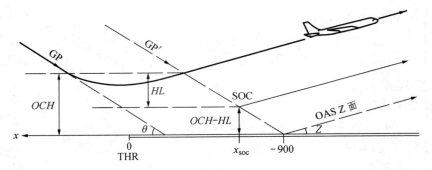

图 4-9　ILS 进近的起始爬升点

（二）检查直线复飞的超障余度

ILS 精密航段是从 Z 面开始到入口以上 300 m 的高度为止，最后复飞从这一点开始，在这个距离上 Z 面的宽度，即 Y 面和 Z 面 300 m 等高线交点 E'' 的 y 轴坐标 $y_{E''}$，就是直线复飞区的起始宽度，此后以 15°的扩展角向两侧扩张，没有副区，如图 4-10 所示。

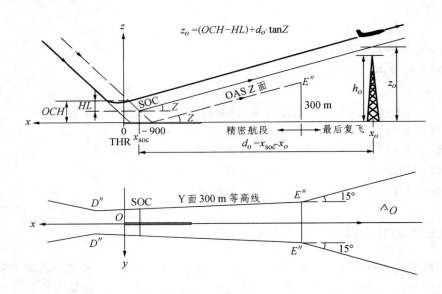

图 4-10　精密航段后的直线复飞区

E'' 点的平面坐标，根据 Y 面和 Z 面 300 m 等高线方程式求出，即联立求解下列方程式：

$$A_Y \cdot x_{E''} + B_Y \cdot y_{E''} = 300 - C_Y$$
$$A_Z \cdot x_{E''} = 300 - C_Z$$

在直线复飞的最后复飞区内，各障碍物的高（h_O）应小于或等于起始爬升面（Z'）的高（$z_{Z'}$），即：

$$h_O \leqslant (OCH_{PS} - HL) + d_O \cdot \tan Z = z_{Z'}$$

式中，$d_O = x_{soc} - x_O$，是从 SOC 至障碍物 O 的水平距离（平行于复飞航迹），OCH_{PS} 和 HL 均为航空器分类中同一类飞机的参数。飞机飞越障碍物的最低超障余度取决于 HL、θ 和 Z，即 $MOC = HL \dfrac{\tan \theta + \tan Z}{\tan Z}$，这与非精密进近规定的直线复飞的最后复飞 $MOC = 50$ m 有所不同。

如果直线复飞不能满足上述超障标准（$h_O > z_E$ 时），则应规定一个转弯以避开有危险的障碍物。不可能做复飞转弯时，则应提高 OCH，最小提高量为：$\Delta h \cdot \tan Z / (\tan \theta + \tan Z)$，式中，$\Delta h = h_O - (OCH_{PS} - HL) - d_O \tan Z$。

（三）检查转弯复飞的超障余度

在复飞的最后阶段，有两种情形需要转弯：一是为了避开直线复飞前方对飞行有危害的障碍物；二是为了重新进近、等待或飞往备降机场备降，需要规定一个转弯。不论哪种情况，都要检查复飞转弯区内飞机的超障余度。

复飞转弯可以规定在一个指定的高度或一个特定的转弯点（TP）转弯，或尽可能立即转弯。

1. 在指定的高度转弯

在避开直线复飞方向上必须避开的障碍物时，程序应规定在开始转至指定的航向或电台以前，要上升到一个规定的高度，即开始复飞转弯的高度（TH）。飞机从这一高度开始转弯，且必须保证在转弯以后的复飞上升中，能够以一定的余度飞越直线复飞航迹正切方向上的障碍物。为此，程序设计时必须通过反复的计算、检查和调整来确定这一转弯高度（TH）。

（1）计算转弯高度

计算转弯高度的一般步骤是：

① 选择一个最晚转弯点（最晚 TP）。最晚 TP 沿直线复飞航迹方向与要避开的障碍物之间的水平距离不应小于 $(E + \sqrt{r^2 + E^2})$，其中 E 为转 $90°$ 弯受风影响的距离，r 为转弯半径，可根据规定的全向风速、转弯坡度和最后复飞最大真空速求出。

② 确定转弯点（TP）。转弯点（TP）是在最晚 TP 之前，距离最晚 TP 为 $C = $（最后复飞真空速 $+ 56$ km/h 风速）$\times \dfrac{6}{3600}$（km），其中 6（s）为驾驶员反应和压坡度时间，其 x 轴坐标为：

$$x_{TP} = x_{TP晚} - C$$

③ 计算 OCH_{PS}。ILS 精密航段到 TP 止（TP 在精密航段终止点之后时，精密航段到 I 类 OAS 的 Z 面 300 m 高止），据此求出 OCH_{PS}。

④ 确定 SOC，计算 TH：

$$x_{soc} = z_{GP'} \cdot \tan \theta - 900 \quad (m)$$
$$TH = z_{GP'} + d_z \cdot \tan Z \quad (m)$$

式中，$z_{GP'} = OCH_{PS} - HL$；$d_z = x_{soc} - x_{TP}$。

为了使驾驶员在开始转弯之前将飞机稳定在爬升航径上，SOC 至 TP 的水平距离（d_z）至少应等于 $30 \cot Z$（m），即计算出的 $TH \geqslant (z_{GP'} + 30)$ m。否则，SOC 应沿 GP' 斜面后移，使 $d_{z最小} = 30 \cot Z$（m），同时 OCH_{PS} 相应增大，如图 4-11 所示。这种情况应规定尽可能立即转弯（只要取得规定的上升率就立即转弯），并在仪表进近图中注明"应尽可能立即转至 $\times \times \times$ 航向或电台"，并应包括充分的资料用以辨明要求转弯的障碍物位置和高度。

（2）检查超障余度

在起始转弯区内，障碍物的高（h_O）应小于（$TH - 50$）m。

在转弯区及以后区域内的障碍物高（h_O）应小于（$TH + d_O \cdot \tan Z - MOC$）。式中，$d_O$ 是

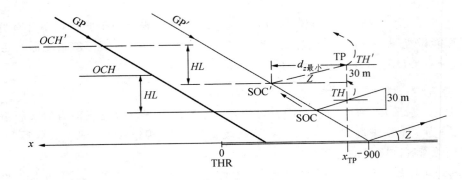

图 4-11   SOC 的调整

从障碍物到起始转弯区边界的最近距离,*MOC* 是最小超障余度,转弯≤15°时,*MOC* = 30 m;转弯>15°时,*MOC* = 50 m。如有副区,可向外逐渐减小到外边界为 0 m。

起始转弯区和转弯区如图 4-12 所示。

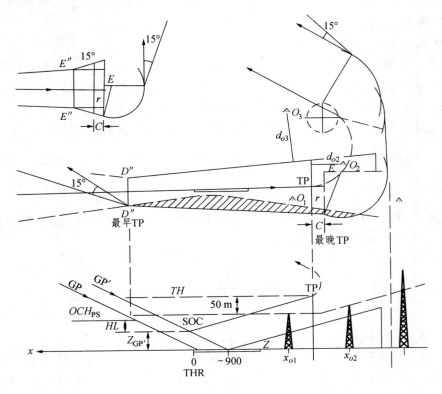

图 4-12   在指定高度转弯的超障余度

起始转弯区以 I 类进近的 Y 面 300 m 等高线为界,D'' 点为最早 TP,终点为 TP。如果 TP 在精密航段终止点(E'')之后,则 E'' 点之后的区域应向两侧扩张 15°。

转弯区按一般准则的规定绘制。

位于 Y 面下面转弯外侧(图 4-12 中斜线部分)的障碍物在计算 *TH* 时可不予考虑。

126

D''的 x、y 坐标按 X 面和 Y 面 300 m 等高线方程式计算：

$$A_X \cdot x_{D'} + B_X \cdot y_{D'} = 300 - C_X$$
$$A_Y \cdot x_{D'} + B_Y \cdot y_{D'} = 300 - C_Y$$

E''的 x、y 坐标按 Y 面和 Z 面 300 m 等高线方程式计算：

$$A_Y \cdot x_{E'} + B_Y \cdot y_{E'} = 300 - C_Y$$
$$A_Z \cdot x_{E'} = 300 - C_Z$$

（3）调整转弯高度

如果所计算出来的转弯高度不能满足上述超障要求，就应进行调整。调整的方法有以下两种：

① 调整 TH 而不改变 OCH。这种方法需要移动 TP 并重新画区域和检查新区域的超障余度。

TH 的最小调整量为 $\Delta h = h_O + 50 - TH$ 或 $\Delta h = h_O + MOC - TH$，TP 的最小移动量为 $\Delta h \cdot \cot Z$，如图 4-13（a）所示。

② 用增加 OCH 来提高 TH，其结果是飞越同一 TP 的高度增大，而转弯区不变，如图 4-13（b）所示。OCH 的最小提高量为 $\Delta h \cdot \tan \theta / (\tan \theta + \tan Z)$。

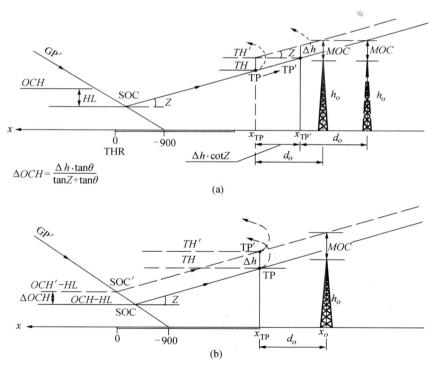

图 4-13 转弯高度的调整方法

（4）对早转弯的保护

如果公布的程序没有规定一个定位点来限制飞机过早到达规定的 TH 上实施转弯，应检查飞机可能飞越的区域的超障余度，或规定一个从 FAF 开始的早转弯保护区。

2. 在指定的转弯点转弯

（1）确定转弯点及其定位容差

转弯点（TP）由以下方法确定，并在程序中予以公布：

① 由一个定位点确定；

② 在没有航迹引导时，由 VOR 径向线、NDB 方位线、DME 弧与规定的直线复飞航迹交叉确定；

③ 如果上述①、②项条件不具备，则可规定离 FAF 或 MAPt 定位点的距离作为必须开始转弯的位置，即以推测点作为转弯点。

用上述方法确定的转弯点，其定位容差在非精密进近程序设计中已有阐述，这里不重复。

（2）计算 OCH_{PS} 确定 SOC

如果最早 TP 在精密航段正常终止点（$x_{E''}$）之前，则精密航段终止于最早 TP；如果最早 TP 在 $x_{E''}$ 点之后（这种可能性极小），则精密航段终止于 E'' 点。以此求出精密航段的超障高 OCH_{PS}，从而确定 SOC，方程式为：

$$x_{soc} = z_{GP'} \cdot \tan \theta - 900$$

为了使驾驶员在开始转弯之前把飞机稳定在爬升航径上，SOC 应在最早 TP 之前，距最早 TP 至少 30 cot Z（m），否则应沿 GP′ 斜面后移 SOC 以达到规定的标准，即 $d_z \geqslant 30 \cot Z$（m）。SOC 的位置调整后，OCH_{PS} 也相应增大，如图 4-14 所示。

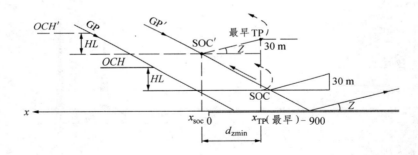

图 4-14　在指定 TP 转弯时的 SOC 调整

（3）检查超障余度

在指定 TP 转弯时，直线复飞到最早 TP，转弯复飞从最早 TP 算起，没有起始转弯区，转弯区除最早 TP 和最晚 TP 之间由 OAS 面的 Y 面 300 m 等高线确定其宽度外，其余部分的画法与在指定 TH 转弯的转弯区画法相同。最早 TP 处的 Y 面 300 m 等高线的连线（KK），就是计算转弯区的超障余度时的起始转弯线，如图 4-15 所示。

在转弯区内，所有障碍物的高（h_O）均应小于：

$$z_{soc} + (d_z + d_O) \cdot \tan Z - MOC$$

式中，d_O 为障碍物 O 至 KK 线的最短距离；MOC 是规定的最小超障余度，即：转弯 $\leqslant 15°$ 时，$MOC = 30$ m；转弯 $> 15°$ 时，$MOC = 50$ m。

在转弯外侧的 Y 面之下的障碍物（图 4-15 中斜线部分），计算 MOC 时可不考虑。

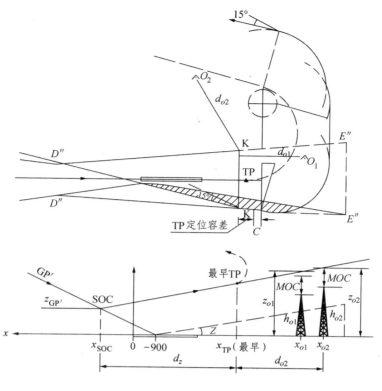

图 4-15 在指定 TP 转弯的超障余度

三、在精密航段内转弯时对复飞转弯区的缩减

当转弯高度（TH）低于 300 m 时，可以缩减复飞转弯区。对于某些机场，在正常复飞转弯区边界附近，如果存在对确定的 OCH 不利的障碍物，可以采取选择较低的 TH 来缩减复飞转弯区，将不利的障碍物排除在缩减的复飞转弯区之外，以取得较低的 OCH。

（一）转弯起始区的缩减

在精密航段内转弯，经缩减的复飞转弯起始区由两部分组成：第一部分为最晚 TP 处高 TH 的等高线与 Y 面高 TH 的等高线所围成的区域，如图 4-16 中的 $C'WW$ 区；第二部分为 $D''D''$ 线（最早 TP 处 300 m 等高线）与 Y 面 300 m 所围成的区域，该区自 V 点开始，沿平行于 $D''D$ 线逐渐缩减到与 Y 面高 TH 的等高线相交的一点（T）止，如图 4-16 中的 $D''VTC'$ 区。

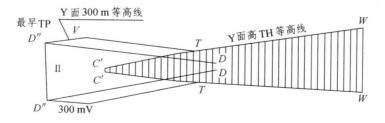

图 4-16 缩减的转弯起始区

图 4-16 中，$D''V = (HL - RDH) \cot \theta + 900$（m），相当于飞机沿标称下滑道（GP）下降到

OCH 时开始复飞,直到获得正值上升率所飞越的水平距离,这一过程假定高度损失为 HL,如图 4-17 所示。

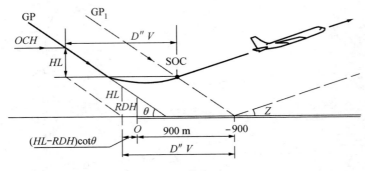

图 4-17 $D''V$ 的长度

（二）缩减的转弯区

缩减的转弯区根据确定转弯复飞区的一般原则和方法,从缩减的转弯起始区各边界点画出,分为转弯高度（TH）低于 140 m 和高于 140 m 两种情况。

1. $TH \leqslant 140$ m 的转弯区

Y 面 140 m 等高线的 C' 点与 300 m 等高线的 D'' 点,它们的纵坐标相同。当 $TH \leqslant 140$ m 时,C' 点在起始转弯区之内,如果转弯角度小于或等于 $75°$,转弯区分成四个区域,如图 4-18（a）所示,如果转弯角度大于 $75°$,则转弯区分为两个区域,如图 4-18（b）所示。

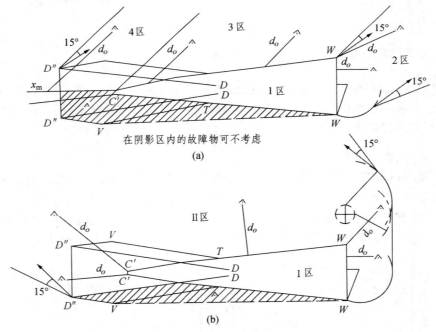

图 4-18 $TH \leqslant 140$ m 的转弯复飞区

2. $TH > 140$ m 的转弯区

转弯高度（TH）高于 140 m 时,C' 位于起始转弯区之外,对转弯区做的改动如图 4-19（a）、（b）所示。

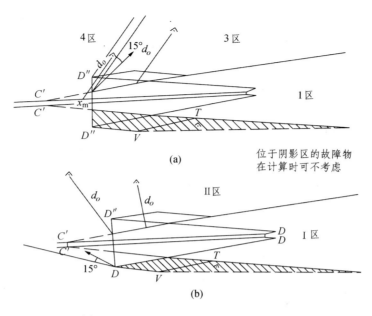

位于阴影区的故障物
在计算时可不考虑

(a)

(b)

图 4-19　$TH>140$ m 的转弯复飞区

（三）超　障

转弯角度大于 75°时，第一区内的障碍物高(h_O)应小于$(TH-50)$m。在其余区域内的障碍物高(h_O)应小于$(TH+d_0 \cdot \tan Z-50)$m。

转弯角度小于 75°时，各区域内的超障如下所示：

1 区　$h_O \leqslant TH-MOC$

2 区　$h_O \leqslant TH+d_O \cdot \tan Z-MOC$

3 区　$h_O \leqslant TH+d_O \cdot \tan Z-MOC$

4 区　$h_O \leqslant z_w+d_O \cdot \tan Z-MOC$

式中，z_w 为 W 面 x_m 处的高，$z_w=A_w \cdot x_m+C_w$。2 区和 3 区的 d_O 以 TH 等高线为基准，4 区的 d_O 以 W 面内侧边线为准。参见图 4-18（a）和图 4-19（a）。

转弯角度≤15°时，$MOC=30$ m；大于 15°时，$MOC=50$ m。

计算转弯区的超障时，凡处于转弯外侧阴影区内的障碍物，可以不予考虑，因为在转弯复飞时，飞机总是背离它们复飞的。

四、公布 OCA/OCH 值

对Ⅰ类和Ⅱ类 ILS 进近程序设计所确定的最低超障高度或最低超障高(OCA/OCH)，应按飞机分类予以公布。这个数值应根据以下标准条件：

① Ⅰ类飞行使用气压高度表。

② Ⅱ类飞行使用无线电高度表和飞行指引仪。

③ 标准的飞机尺度。

④ 复飞上升梯度为 2.5%。

如果需要修正时,飞行单位经有关当局同意,可公布另外的 OCA/OCH 数值。

如果Ⅱ类进近的 OCA/OCH 低于附件 14 的内水平面高(45 m)时,可容许Ⅲ类进近。在Ⅱ类进近的 OCA/OCH 介于 45~60 m 之间时,只要附件 14 Ⅱ类飞行的内进近面、内过渡面和复飞面被延伸以保护这个 OCA/OCH,并且没有障碍物穿透这些面,也可容许Ⅲ类进近。

内进近面、内过渡面和复飞面的几何尺寸及其高度方程式可参见图 4-4。

第四节　ILS 进近的中间和起始进近区

ILS 进近程序的起始进近区,与非精密进近的起始进近区完全相同,而中间进近区则有较大的差别,因此,本节将主要介绍中间进近区。

图 4-20 所示为 ILS 进近中间航段与最后航段相互连接的情形,下面将分别说明起始进近采用直线航线、反向和直角航线、推测(DR)航迹时,中间航段的安全保护区及其与起始和ILS 精密进近区的衔接。

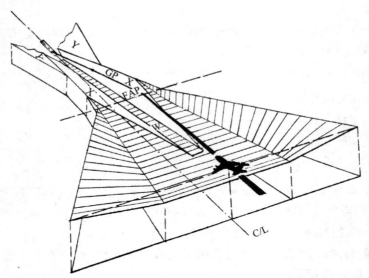

图 4-20　ILS 进近中间航段与最后航段的连接

一、起始进近为直线航线的中间进近区

(一) 保护区的宽度

起始进近使用直线航线的 ILS 进近程序,其中间航段保护区在 IF 处的宽度,由起始进近区的总宽度(±5 n mile)确定,而后逐渐均匀缩小至 FAP 或 FAF 处的、宽度为 OAS 面的 X 面之间的水平距离,如图 4-21 中的 FF'。F、F' 点的 x、y 坐标,可根据切入下滑道的高(z_{GP})通过解算 X、Y 面等高线的联立方程式求出,即:

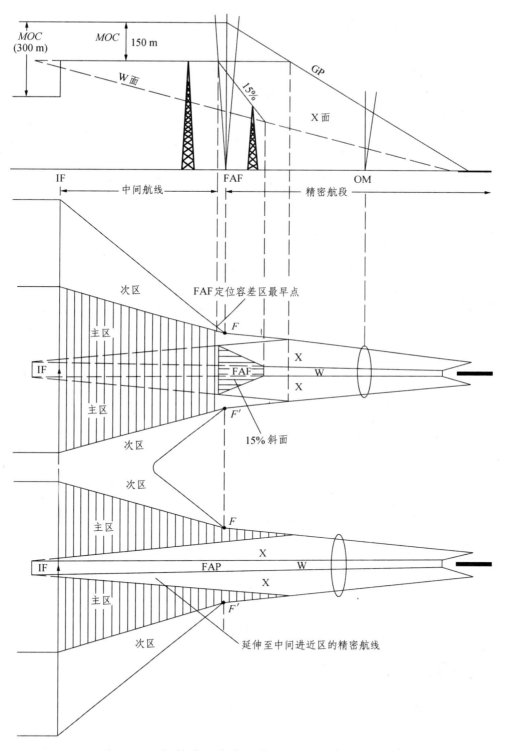

图 4-21 起始进近为直线航线的 ILS 中间进近区

$$A_X \cdot x_F + B_X \cdot y_F = z_{GP} - C_X$$
$$A_Y \cdot x_F + B_Y \cdot y_F = z_{GP} - C_Y$$

（二）主要区和次要区

为了计算中间航段的超障余度，中间进近区分为主要区和次要区（副区）。如图 4-21 所示，主要区由 F、F' 点至 IF 处起始航段主要区边界连线所围成的区域；主要区两侧的区域即为副区。

在 FAP 处，最好提供一个下降定位点，这样 FAP 变成 FAF，精密航段的 X 面和 Y 面终止于 FAF 定位容差区的最早点，并且在这一点之后 15％斜面之下的障碍物，在计算精密航段的 OCH 时，可以不予考虑。如果在 FAP 不能提供下降定位点，则精密航段延伸至中间进近区内（但不能延伸到该航段之外）。

二、起始进近为反向或直角航线的中间进近区

如果起始进近使用反向或直角航线程序，飞机在完成反向或直角程序的机动飞行后先切入 ILS 航道，再沿 ILS 航道切入下滑道，航迹引导由 LLZ 提供。中间进近区按没有中间和最后进近定位点的准则和方法确定，在 FAP 处的宽度仍为 OAS X 面之间的水平距离（FF'），距离 LLZ 为 28 km（15 n mile）处的宽度则为 ±5 n mile。区域自 FAP 处延伸至反向或直斜角航线主要区的最远边界，如图 4-22 所示。

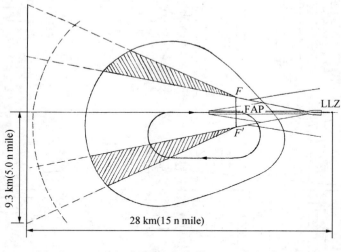

图 4-22　反向或直角程序的 ILS 中间进近区

三、起始进近为推测航迹的程序设计

推测（DR）航迹程序，实质上是一种直线航线程序，只不过其中有一段（不大于 10 n mile）为推测航段，不提供航迹引导，飞行员以航向保持方式飞行。

在空中交通密度相当大的机场，当不能采用直线航线程序直接进近着陆时，采用 DR 程序较之反向或直角程序，在航行上可以得到许多好处：

① 顺向进入时,使用推测航迹程序(S 形),可以避免做直角程序那样大量的机动飞行,节省时间和空域,并且飞行操作简便。

② 反向进入时,使用推测航迹程序(U 形),不仅具有①项的优点,而且可以减小由起始进近切入中间航迹(ILS 航道)的角度,大大减小飞机偏离(穿越)中间航迹(ILS 航道)的可能性。

③ 程序设计时,可以设计出不同长度的推测航迹,以供同时达到终端区的快速和慢速飞机飞行,便于交通管制员调整飞机进近间隔。如使用雷达引导,可以在雷达荧光屏上提供一条切入 ILS 航道的最好的飞行路线基准。

因此,空中交通较繁忙的机场,应根据程序设计的要求,设置必要的导航设施并进行合理的布局,尽可能建立 DR 程序。

(一) DR 程序设计使用的参数

1. 飞机的速度和坡度

这是确定 DR 航迹及其保护区的最重要的参数。考虑使用两种速度范围:

· A、B 类飞机　IAS 为 165~335 km/h(90~180 kn);

· C、D、E 类飞机　IAS 为 335~465 km/h(180~250 kn)。

上述速度应根据标准气压高度 h 为 1 500 m(5 000 ft)和 3 000 m(10 000 ft)及空中温度 t_H＝ISA＋15℃ 换算为真空速(TAS)。

转弯坡度是指平均 25°坡度或 3°/s 转弯率的坡度,取较小值。

2. 风　速

使用全向风风速(W)。转弯部分为:

$$W＝12h＋87　　(W 单位为 km/h,h 为单位 km)$$

或
$$W＝2h＋47　　(W 单位为 kn,h 单位为千英尺)$$

直线部分使用 56 km/h(30 kn)的全向风速,这是因为机场的风和 DR 航迹之前的起始进近航段的风通常在 30 kn 以内。

3. 飞行技术容差

· 驾驶员反应时间　0~6 s;

· 建立转弯坡度时间　5 s;

· 航向容差　±5°。

4. 定位容差

参见第一章的叙述。

· VOR　提供航迹引导±5.2°;

· 交叉定位　±4.5°;

· DME　±(0.46 km＋距天线距离的 1.25%)。

(二) DR 程序的结构

如图 4-23 所示,DR 程序有以下两种类型:

· U 形程序　在 DR 航段之前(DR 定位点)的转弯和切入中间航迹(IF 处)的转弯方向

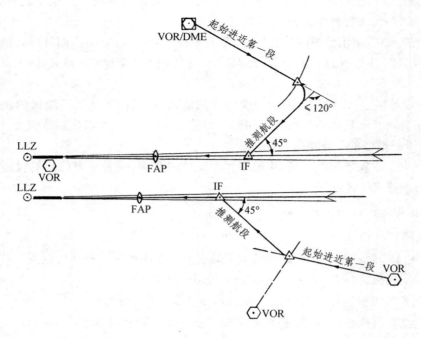

图 4-23　DR 程序的两种类型

相同。航线的构成形似"U"字,用于反向进入。

· S形程序　DR 航段起点和终点的转弯方向相反。航线的构成形似"S"字,用于顺向进入。

这两种类型都包括以下 3 个部分:

① 起始进近的第一段。这一段的航迹由 VOR 径向方位确定,与中间航迹的方向之间的差角最大可达 145°~160°。为了限制 DR 定位点的容差,该航段长度不应超过 56 km(30 n mile)。

② DR 航段。DR 航迹与中间进近航迹(ILS 航道)的交角在任何情况下都应等于 45°。DR 航段的最大长度为 10 n mile,最小长度要在遇到最大顺风的情况下,能在开始转向 ILS 航道之前完成 DR 航段之前的转弯。最小长度取决于飞机速度、在 DR 定位点的转弯角度和 DR 定位点的定位方式,如表 4-6 所示。

表 4-6　DR 航段的最小长度

DR定位点由 VOR/VOR 定位					
高　度	最小长度 km(n mile) 转弯角度 IAS km/h(kn)	≤45°	60°	90°	105°
1 500 m (5 000 ft)	165~335(90~180)	10(5.5)	11(6.0)	12(6.5)	12(6.5)
	335~465(180~250)	13(7.0)	14(7.5)	15(8.0)	16(8.5)
3 000 m (10 000 ft)	165~335(90~180)	11(6.0)	12(6.5)	13(7.0)	14(7.5)
	335~465(180~250)	15(8.0)	16(8.5)	18(9.5)	19(10)

高　度	最小长度 km(n mile) / IAS km/h(kn) 转弯角度	≤45°	60°	90°	120°
1 500 m (5 000 ft)	165～335(90～180)	6(3.5)	8(4.5)	9(5.0)	10(5.5)
	335～465(180～250)	9(4.5)	11(5.5)	13(6.5)	15(7.5)
3 000 m (10 000 ft)	165～355(90～180)	6(3.5)	9(5.0)	11(6.0)	12(6.5)
	335～465(180～250)	9(5.0)	11(6.0)	15(8.0)	18(9.5)

表头上方: DR 定位点由 VOR/DME 定位

③ 中间进近航段。中间进近航段从 DR 航迹切入中间进近航迹的一点开始,至 FAP 为止。要求有一个中间进近定位点(IF),航段的长度取决于速度范围和高度,如表 4-7 所示,最小长度甚至在最坏的情况下,除了 ILS 信息以外没有其他开始转弯的指示时,也能以 45°切入并稳定在中间进近航迹(ILS 航道)上。

表 4-7　中间航段的长度

长度 IAS / H	165～335 km/h(90～180 kn)	335～465 km/h(180～250 kn)
1 500 m(5 000 ft)	11 km(6.0 n mile)	17 km(9.0 n mile)
3 000 m(10 000ft)	12 km(6.5 n mile)	20 km(11 n mile)

高度在表列数值之间时,可用线性内插法。

(三) U 形程序的设计

1. U 形程序航迹设计标准

(1) DR 航段

DR 航段从 DR 定位点起到 IF 终止,该航段切入中间航迹(ILS 航道)的角度为 45°。

DR 定位点由 VOR/VOR 交叉定位或 VOR/DME 定位。VOR/VOR 交叉定位时,引导径向线与交叉径向线之间的交角不应小于 45°,由起始进近第一段转入 DR 航段的角度不应超过 105°;VOR/DME 定位时,VOR 台和 DME 台应在同一位置,在该定位点的转弯角度不应大于 120°。

DR 航段的长度不应超过 10 n mile,最小长度取决于飞机速度、转弯角度和 DR 定位点的定位方式,参见表 4-6 所示。

表中数值只要起始进近第一段长度不超过 10 n mile 都适用,否则应增加超过的距离数值的 10%。

(2) 起始进近第一段

起始进近第一段从起始进近定位点(IAF)开始,至 DR 定位点终止。IAF 可以是一个电台(VOR 或 VOR/DME)或一个具有航迹引导的定位点。为了保证 DR 航段的最小长度限制和在 DR 定位点转弯的最大转弯角度限制,IAF 应在如图 4-24 所示的限制线之外,这条限制线至 FAP 的垂线距离为 D，垂线与最后进近航迹的交角为 φ。D 和 φ 的值如表 4-8 所示。

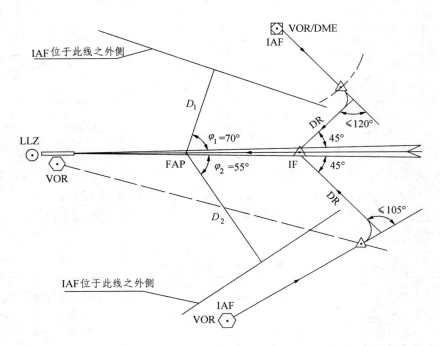

图 4-24　U 形程序的设计标准

表 4-8　IAF 位置限制线的参数

DR 定位点的 定位方式	φ	D	
		$IAS < 335$ km/h(180 kn)	$IAS < 465$ km/h(250 kn)
VOR/DME 定位	70°	12 km(6.5 n mile)	18 km(9.5 n mile)
VOR/VOR 定位	55°	16 km(8.5 n mile)	23 km(12.5 n mile)

如果在最后进近航迹上 FAP 附近有一个归航台可使飞行员控制在 DR 定位点的转弯时机，则对 IAF 的设置位置及转弯角度的限制可以放宽。

2. U 形程序的安全保护区

（1）DR 定位点由 VOR/VOR 确定的保护区

DR 定位点由 VOR/VOR 确定的 U 形程序保护区如图 4-25 所示。由于起始进近第一段有航迹引导，因此它的保护区是个对称于标称航迹的区域，宽±5 n mile，分主区和次区。DR 航段保护区包括转弯和直线飞行的保护区。转弯区考虑到 DR 定位点容差、飞行技术容差、转弯半径和风的影响等因素，以 DR 定位点为圆心、R 为半径画出其边界；直线部分考虑到航向容差和风的影响，从转弯区边界圆的切点画出 DR 航迹平行线后向外扩张一个 φ 角（航向容差＋最大偏流）。R、φ 的大小取决于程序设计使用的高度和速度范围，不同高度和速度的基本数值如表 4-9 所示。

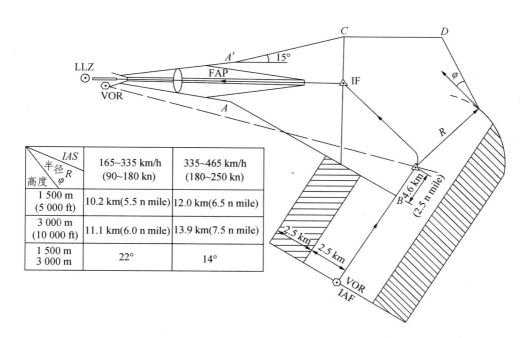

图 4-25 U 形程序的安全保护区（VOR/VOR 定位）

表 4-9 DR 程序设计基本数值表

指示空速（IAS）（km/h）		165	335		465	
TAS（km/h）	H＝1 500 m	185	370		510	
	H＝3 000 m			400		555
11 s 飞行技术容差（km）		0.87	1.35	1.61	1.89	2.07
转弯坡度		17°	25°	25°	25°	25°
转弯率（°/s）		3	2.55	2.35	1.84	1.70
转弯半径（km）		1.05	2.30	2.70	4.42	5.18
最大偏流		17°	9°	8°	6°	6°
φ（最大偏流＋5°）		22°	14°	13°	11°	11°
R km（n mile）	H＝1 500 m	10.2(5.5)		12.0(6.5)		
	H＝3 000 m	11.1(6.0)		13.9(7.5)		

U 形程序中间进近区在 FAP 处的宽度,仍等于该处 OAS 的 X 面之间的水平距离 AA'。

内边界为 A、B 连线,规定 B 点距 DR 定位点 2.5 n mile(4.6 km);外边界自 A′点沿中间航迹平行线向外扩张 15°至正切 IF 的 C 点,没有次要区。

CD 平行于中间航迹(ILS 航道),作为 DR 航段的保护区边界。

(2) DR 定位点由 VOR/DME 确定的保护区

DR 定位点由 VOR/DME 确定时,U 形程序的保护区,除 B 点至 DR 定位点的距离及转弯区半径 R 有所不同外,其余参数和画法与 DR 定位点由 VOR/VOR 确定的 U 形程序保护区完全相同,如图 4-26 所示。

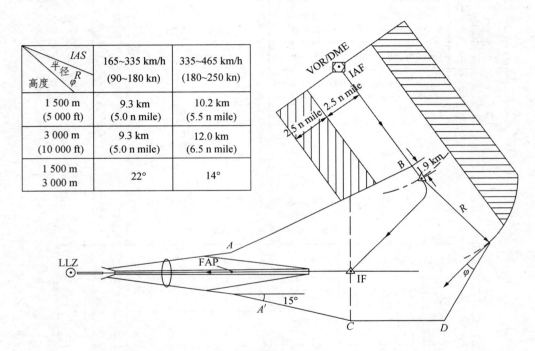

IAS 半径 R φ 高度	165~335 km/h (90~180 kn)	335~465 km/h (180~250 kn)
1 500 m (5 000 ft)	9.3 km (5.0 n mile)	10.2 km (5.5 n mile)
3 000 m (10 000 ft)	9.3 km (5.0 n mile)	12.0 km (6.5 n mile)
1 500 m 3 000 m	22°	14°

图 4-26 U 形程序的安全保护区(VOR/DME 定位)

(四) S 形程序的设计

1. 起始进近第一段

该航段由 IAF 至 DR 定位点。IAF 的位置不存在 U 形程序那样的限制,DR 定位点的容差不应超过±3.7 km(±2 n mile)。

2. DR 航段的最小长度

起始进近第一段的距离在 19 km(10 n mile)以内,DR 航段的最小长度为:

① DR 定位点由 VOR/VOR 确定,即 9 km(5 n mile)。

② DR 定位点由 VOR/DME 确定,即 7 km(4 n mile)。

如果第一段长度大于 19 km,则 DR 航段的最小长度应增加超过部分的 15%。DR 航段的最大长度为 10 n mile。

3. S 形程序的安全保护区

区域参数和画法如图 4-27 和图 4-28 所示。

140

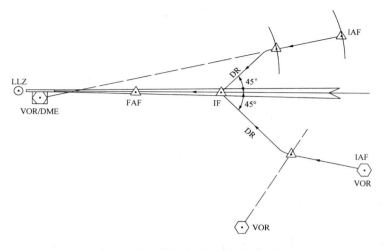

图 4-27 S 形程序设计的标准

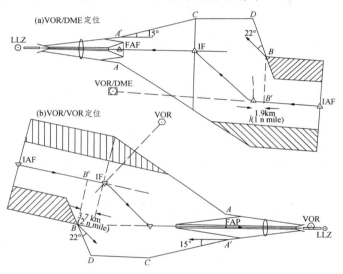

图 4-28 S 形程序的安全保护区

第五节 Ⅰ类 ILS 航向台偏置或下滑台不工作

Ⅰ类 ILS 航向台偏置或下滑台不工作,是 ILS 进近中的两种特殊情况,在程序设计中必须根据具体情况加以考虑。

一、Ⅰ类 ILS 航向台偏置

在某些情况下,由于台址问题,或由于机场施工要求临时将航向台偏离跑道中线位置,如图 4-29所示,航向台的航道波束不能与跑道中心延长线一致,此时应确定航向台偏置的 OCA/OCH。

不能用偏置航向台来作为消除噪音的措施。

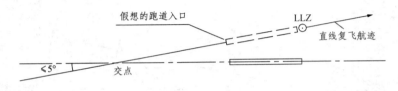

图 4-29　航向台偏离

（一）对偏置航道的要求

航向台偏离跑道中心线的位置，必须符合以下要求：

① ILS 航道与跑道中线延长线的夹角不超过 5°；

② 交点应在标称下滑道到达的高度（切入跑道中线延长线的高度），至少在入口以上55 m(180 ft)处。这种程序应注明：“航道偏离××度”。

（二）超障准则

航向台偏置时，评估障碍物和确定 OCH 的步骤、方法和准则，与正常情况一样，只是在评估和计算时，是以一条与航道波束一致的假想跑道为依据。这条跑道在长度、入口标高、入口至切入点的距离与真跑道相同。航道波束宽度和 ILS 基准高也是相对于假想跑道的。

这种程序所公布的 OCA/OCH 不应小于切入跑道延长线交点的高度＋20 m(66 ft)。

二、ILS 下滑台不工作

只用航向台的程序（下滑台不工作）是一种非精密进近程序。在设计 ILS 精密进近程序时，应同时设计只用航向台（下滑台不工作）的程序，以备飞机在实施 ILS 进近时，一旦下滑台不工作（或收不到下滑台信号）时，能够顺利地转为只依据 LLZ 提供的航迹引导下降至公布的最低下降高度。

只用航向台的进近程序应按非精密进近有 FAF 的准则设计，但有如下例外：

（一）中间进近

中间进近航段以 FAF 为终点（外指点标或任何满足 FAF 要求的定位点）。

中间进近区的主区宽度逐渐缩小至 FAF 处，为 OAS 的 X 面之间的宽度；副区则逐渐缩减至 FAF 处，为 0。

（二）最后进近和复飞

最后进近航段从 FAF 开始，至 MAPt 终止。这个复飞点的位置不应安排在下滑道工作时下滑道与入口平面的交线之后（通常不应在跑道入口之后）。

最后进近和起始复飞区由I类 ILS 进近的 OAS 的 X 面外边界所确定，从 FAF 起直到 Y 面和 X 面 300 m 等高线交叉点 $D'D''$，此后以 Y 面 300 m 等高线为界，直至 E'' 点。E'' 点之后，区域应向两侧扩张 15°，如图 4-30 所示。OAS 面的 300 m 等高线按一个假定的 3° 下滑角计算。

起始爬升线（SOC）的位置根据一般准则，由复飞点的定位容差和过渡容差确定。此后即可检查直线复飞和转弯复飞的超障余度。

在最后进近和复飞区内，Y 面之下的区域（图 4-30 中 $DED''E''$）为副区。

上述的 X 面和 Z 面也可以用基本 ILS 面的进近面和复飞面来代替。

（三）超障余度

在主区内的最小超障余度（MOC）为 75 m，副区由内边界的 75 m 向外逐渐减小至外边界为 0。但 Y 面下面的障碍物穿透 Y 面时才予以考虑。

按照本章准则完成精密进近程序设计后，应当绘制仪表进近图上报审批并公布，如图 4-31 所示。

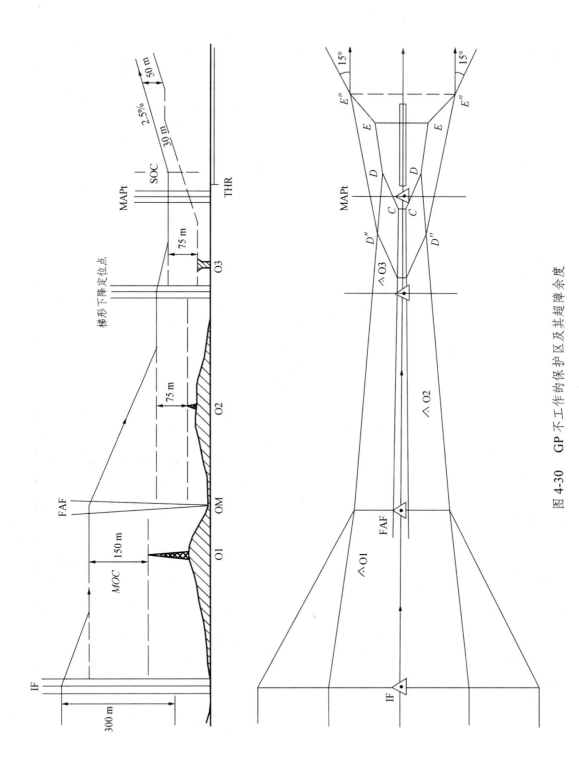

图 4-30 GP 不工作的保护区及其超障余度

143

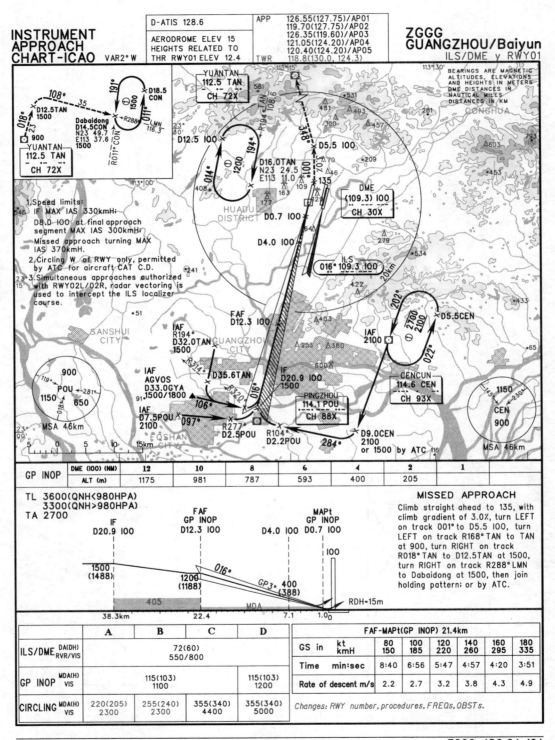

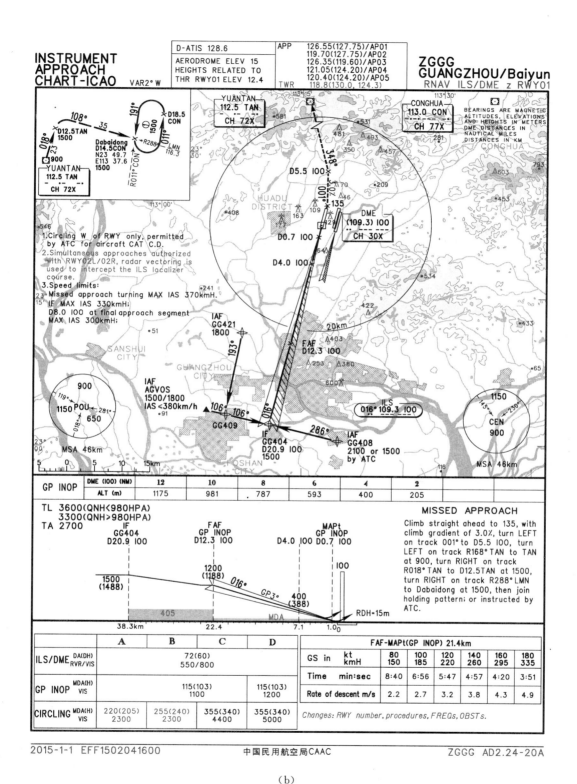

图 4-31　ILS/DME、RNAV ILS/DME 仪表进近图举例

复习思考题

4-1　简述 ILS 的组成、布局及性能分类。

4-2　简述 ILS 进近程序的结构及有关准则。

4-3　简述基本 ILS 面的组成及有关参数。

4-4　影响 OAS 面的参数有哪些？简述 OAS 面的常数及坐标查法。

4-5　简述精密航段的超障余度及 OCH 的计算方法。

4-6　简述精密航段后的直线复飞障碍物的检查方法。

4-7　简述推测航迹程序的特点和各阶段的设计要求。

4-8　简述 I 类 ILS 航向台偏置或下滑台不工作时的有关规定。

4-9　I 类 ILS，下滑角为 $3°$，LLZ/THR 距离为 $3\,600$ m，已知障碍物：$O_1(1\,800,105,30)$；$O_2(-1\,650,580,65)$；$O_3(-3\,260,205,90)$。求 OCH。

第五章　雷达进近程序

　　雷达进近程序是雷达管制员利用机场雷达设备引导飞机进场，并指挥飞机沿预定的航道和下滑道下降着陆的一种进近程序。这种程序除机场监视雷达和精密进近雷达以及陆空通信系统外，飞机上不需要任何与之相配合的着陆系统，它对各类飞机都能引导，但飞行员不能像其他仪表进近程序那样，依靠飞机上各种航行仪表的指示主动实施，而是完全听从雷达管制员的指挥来操纵飞机，处于一种被动的地位。

　　雷达进近程序根据其引导雷达的性能，可以分为监视雷达进近程序和精密雷达进近程序。程序设计的一般准则也适用于雷达进近程序设计，但在某些方面有差别，下面对此进行介绍。

第一节　监视雷达进近程序

　　机场监视雷达的天线环绕其旋转轴连续做 360°的旋转，天线发射的雷达波束就像探照灯那样，对它周围空间进行连续地扫描，在雷达荧光屏上探测出飞机的位置（方位和距离）。目前国内生产的机场监视雷达，能在雷达天线水平面上 0.5°～30°的仰角范围、3 000 m 高度以下、25 n mile（46 km）之内观察到反射面积为 15 m² 的飞机，大都超过国际民航公约规定的标准。机场监视雷达在它的有效作用范围内，主要用于为其他仪表进近程序提供飞机进场和起始进近的雷达引导，但如果雷达覆盖和目标分辨力的质量适合于雷达引导程序，则可允许使用监视雷达建立雷达进近程序，其标准与非精密进近程序的标准基本相同，但在各航段的设计上也存在一些区别。

一、起始进近航段

　　起始进近航段从起始进近定位点（IAF）开始，到中间进近定位点（IF）为止。按照规定，IAF 是雷达与实施进近的飞机建立联系的位置。在起始进近航段可以提供沿预定航迹的雷达引导，或根据战术需要提供向量引导。

　　（一）沿预定航迹的雷达程序
　　这种程序便于飞行员的主动领航与雷达管制员实施雷达引导相结合。起始航段采用直线航线或推测(DR)航迹,为不同速度的飞机建立不同长度和高度的推测航迹,有利于飞行冲突的调配。

雷达程序的起始进近航迹切入中间航迹的角度最大为 90°,没有规定航段的最大或最小长度,设计时应按允许的下降梯度和程序要求下降的高度来确定。航段的宽度一般为预定航迹两侧各 5 n mile(9.3 km),根据雷达设备的精确度,有关当局可以决定在至雷达天线 20 n mile(37 km)以内,将区域的宽度减小为±3 n mile(±5.6 km)。

(二) 根据战术需要的向量引导程序

这种程序不设立预定的航迹,飞机飞行的航向、高度、速度、时间等,均需听从雷达管制员的指挥,飞行员是完全被动的。考虑到超障的区域应是雷达作用的整个区域,可以将这个区域细分为几个小区,使实施飞行的区域解除其他区域的障碍物的影响。对这种细分的小区没有规定形状、大小及方位的限制,但在设计时应着重于 ATC 使用上的简便与安全。这种细分的区域应描绘在视频图上。

(三) 超障余度和下降梯度

在预定航迹的起始进近区和向量引导的起始进近区,或邻近小区内的所有障碍物之上,应提供至少 300 m(984 ft)的超障余度。当实施向量引导并规定使用高度层时,其超障区也应以当时所飞航迹左右 3 n mile(离雷达天线 20 n mile 以内)或±5 n mile(离雷达天线 20 n mile 以外)为依据。

如果一个突出的障碍物在雷达荧光屏上显示为一个固定的回波,当看到飞机已飞过该回波之后,则飞越这一障碍物的超障余度可以不再继续使用。

在起始进近区的最佳下降梯度为 4%,最大为 8%。

二、中间进近航段

中间进近航段是从起始进近航迹与中间进近航迹相交的一个雷达定位点(IF)开始,延伸到与最后进近航迹相交的一点,即最后进近定位点(FAF)为止。中间进近航迹与最后进近航迹的交角(切入角)不大于 30°。

中间进近航段的长度与 ILS 进近的规定相同,即最佳长度为 5 n mile(9 km),最大不超过 15 n mile(28 km),最小长度取决于起始进近切入中间航段的角度(最大切入角为 90°),如表 5-1 所示,这些最小数值只在可用空域受限制时才使用。

表 5-1　中间航段的最小长度

切入角	9°～15°	16°～30°	31°～60°	61°～90°
最小长度(n mile /km)	1.5/2.8	2.0/3.7	2.5/4.6	3.0/5.6

中间进近区由起始进近区在 IF 处的宽度和最后进近区在 FAF 处的宽度连接而成。在中间进近区内的所有障碍物之上应提供至少 150 m(500 ft)的超障余度。

由于中间航段是飞机调整速度及外形以供进入最后进近航段之用,因此下降梯度应尽可

148

能平缓,如果需要使用较大梯度,则最大不得超过 5%。

三、最后进近航段

最后进近航段从 FAF 开始,到达入口之前 2 n mile(4 km)处终止。如果雷达的精确度允许,经有关当局批准,也可继续进近至不晚于入口之前的一点。FAF 为最后进近航迹上的一个雷达定位点。

（一）航迹对正

直线进近的最后进近航迹应与跑道中线的延长线一致。盘旋进近时,最后进近航迹应对正机场活动区或切入目视盘旋航线的第三边。

（二）区　域

最后进近的超障区从 FAF 开始至 MAPt 或跑道入口为止(以发生较晚者为准)。它的最小长度为 3 n mile(6 km),最大长度不应超过 6 n mile(11 km)。如果要求在 FAF 上空转弯,则最后进近的最小长度使用表 5-2 中的数值。

表 5-2　在 FAF 上空转弯时最后航段的最小长度

最小长度 (n mile)/km 切入角 ＼ 飞机分类	A	B	C	D	E
10°	1.0/1.9	1.5/2.8	2.0/3.7	2.5/4.6	3.0/5.6
20°	1.5/2.8	2.0/3.7	2.5/4.6	3.0/5.6	3.5/6.5
30°	2.0/3.7	2.5/4.6	3.0/5.6	3.5/6.5	4.0/7.4

最后进近区的宽度(W)与到雷达天线的距离(D)成正比,按下式计算:

$$W = 2(1.0 + 0.1D) \quad \text{n mile}$$

或

$$W = 2(1.9 + 0.1D) \quad \text{km}$$

式中,D 的最大值为 20 n mile(37 km),根据雷达设备的精确度,有关当局可规定其具体数值。

（三）超障余度和下降梯度

在最后进近区内的最小超障余度为 75 m。

最后进近的最佳下降梯度为 5%,最大为 6.5%。在确定最后航段的具体长度时,要考虑到允许的下降梯度。

四、复飞航段

监视雷达进近程序的复飞航段从复飞点(MAPt)开始,该点位于雷达进近的终止点,即入口到入口之前 2 n mile(4 km)的一点。有关复飞的准则与非精密进近的复飞准则一致。

监视雷达进近程序中,各进近航段和直线复飞航段保护区及其相互连接如图 5-1 所示。

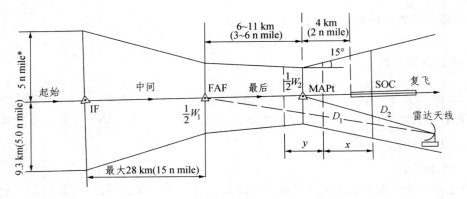

图 5-1　监视雷达进近程序的安全保护区

＊说明：根据雷达设备的精度，有关当局可决定在至雷达天线 20 n mile 以内的区域宽度减小为±3 n mile(5.6 km)。

五、与最后进近下降梯度相对应的高度计算

飞机在最后进近过程中，为保持所需的下降航径，雷达管制员应掌握预先计算的高度，这个高度根据入口高度 15 m(50 ft)、规定的下降梯度及到接地点每 1 n mile 或 0.5 n mile（2 km 或 1 km）进行计算，如图 5-2 所示。计算结果在离接地点 2 n mile（4 km）以外，应舍去零数以 10 m 或 100 ft 的增量取整；在离接地点 2 n mile 以内则应将零数进至下一个 10 m 或 10 ft的增量进行取整，取整后的预计高度应在航行资料汇编（AIP）中公布。

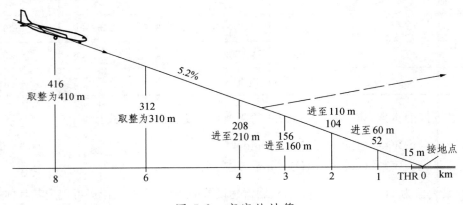

图 5-2　高度的计算

第二节　PAR 进近程序

精密进近雷达(PAR)由航向天线、下滑天线、发射机、接收机和两套显示器组成，安装在跑道入口之后 500～1 800 m(或跑道中点)且离跑道中心线 100～250 m 处。航向天线发射的波束宽 0.8°、高 2.5°，可以在预定的仰角(可在−1°～＋8°范围内调整)上 20°范围内左右扫描，扫描频率约每分钟 30 次；下滑天线发射的波束宽 3°、高 0.7°，可在调定的方位上(可在±10°

范围内调整)上下扫描,扫描范围为一1°～+8°,扫描频率约每分钟 30 次。PAR 的有效距离在 20°方位扇区和 7°仰角扇区内不少于 9 n mile(国产 791 型着陆雷达在中雨天气不少于 15 km,一般天气不少于 35 km)。

PAR 有一个航道显示器和一个下滑道显示器。显示器上分别有航道、下滑道和距离标志。当回波出现在显示器上后,雷达管制员观察回波的位置及其轨迹,看是否在航道和下滑道标志线上,如果发现有偏离现象,应立即通过对空通讯台下达修正指令,对飞机提供航迹和下滑引导,使飞机沿预定的航道和下滑道进近着陆。

PAR 进近属于精密进近,它的最低超障高(OCH)可以降低至大约 60 m(200 ft)。

一、程序构成

(一) 到达阶段的飞行

PAR 只能观察着陆方向雷达在有效作用范围内的飞机,因此对于进场着陆的飞机,必须依靠监视雷达或导航台将其引导到跑道中心延长线(PAR 航道)上,然后利用 PAR 继续引导飞机沿预定的航道和下滑道下降到决断高度,进行目视着陆。

到达阶段的飞行就是从起始进近和切入 PAR 航道前的中间进近至跑道中线延长线的飞行,一般从航路导航台开始,或在监视雷达引导区内进行,要求沿定位点之间的预定航迹或由雷达管制员按雷达识别标志引导至跑道中线延长线。从最后一个已知定位点开始的飞行时间要能充分保证完成雷达识别程序,如果不能建立雷达联系,或驾驶员不能确定其位置,则应规定回到最后的定位点。

(二) 中间进近航段

中间进近可分为偏置进近和直线进近两种方式。偏置进近由依据导航台的预定航线或由雷达管制员引导的航线到切入跑道中线延长线,航迹方向与跑道中线延长线不一致。切入中线延长线上的一点至切入下滑航径的一点之间的距离,应能满足飞机在切入下滑航径以前能调整速度和外形,并稳定在中线延长线(PAR 航道)上,以利于开始最后进近。下降航径切入点应确定在 PAR 作用区之内至少 2 n mile(4 km)处。

偏置航段的最佳长度为 5 n mile(9 km),最小长度取决于起始进近航迹切入的角度(参见表 5-1)。

直线进近的航迹与跑道中线延长线一致。如果能利用在跑道中线延长线上的导航台完成直线进近,则除了雷达识别以外不要求特殊的中间进近程序。

如果偏置和直线进近没有适当的电台可利用,则程序应规定:

① 要保证飞机从最后一个定位点开始,在所述航段 MDA/MDH 以上某一合适的高度层有一条可用航迹。

② 可考虑遵照 ATC 指示做雷达识别转弯。

(三) 最后进近航段

最后进近航迹应保证飞机在跑道中线延长线上按照雷达管制员的指示,以规定的高度切入 PAR 下滑道,这个规定高度应高出超障面(OCS)至少 150 m(500 ft),尔后按指示下降到

OCH(不低于 60 m/200 ft)，如图 5-3 所示。

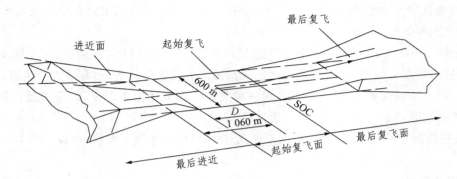

图 5-3　PAR 的最后进近和复飞航段

超障面(Obstacle Clearance Surface)仅用于 PAR 进近程序的最后进近。

（四）复飞航段

经过对障碍物、地形及其他影响飞行安全的因素加以排除后，所确定的复飞航迹一般应是最后进近航迹的继续。

二、超障区及其 *MOC*

（一）到达和起始进近区及其 *MOC*

到达和起始进近区的宽度至少在预定航迹两侧各 5 n mile (9.3 km)，如果导航设施能为起始进近提供一条很准确的航迹，则区域宽度可缩减为航迹两侧各 3 n mile (5.6 km)。在到达和起始进近区内的最低飞行高度不得低于最高障碍物之上 300 m，并且不得低于切入下滑道的高度，以及在要求做程序转弯时不得低于程序转弯高度。

（二）中间和最后进近区及其 *MOC*

中间进近的开始通常距跑道入口不超过 15 n mile (28 km)，中间进近切入下降航径(PAR 下滑道)的一点即转入最后进近，最后进近至入口以前一个距离 *D* 的一点(*d*)止，如图 5-4 所示，*D* 的计算方法见后。

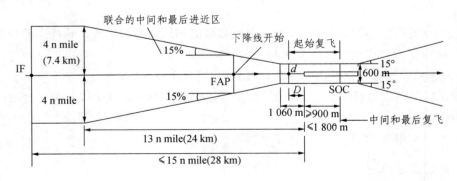

图 5-4　PAR 进近的中间和最后进近区

中间和最后进近区从 d 点起至入口前 1 060 m 的一点止,其区域宽为 600 m(±300 m),在 1 060 m 之后以 15％扩展率向两侧扩张,直至距入口 13 n mile（24 km）处的宽度为 ±4 n mile（±7.4 km）,而后保持此宽度至中间/最后进近区的外边界（一般距入口不超过 15 n mile /28 km）,这里所说的中间和最后进近区相当于附件 14 对仪表跑道规定的延伸区,但最后进近区的长度要限制在雷达覆盖区以内。

在中间和最后进近区的超障余度规定如下:

① 中间进近区的超障面是一个水平面,其高度等于该区内最高障碍物的高度。在这个超障面之上的超障余度应不小于 150 m(500 ft),如图 5-5 所示。

② 最后进近区的超障面是一个倾斜角不大于 0.6θ 的斜面,这个斜面自入口之前距离为 D 的一点(d)开始,延伸到与中间进近的超障面相交为止（见图 5-5）。D 由下式计算:

$$D = 30 \cdot \cot 0.6\theta - H \cot \theta \quad (m)$$

式中,θ 为标称下滑角,H 为标准下滑道在入口处的高,0.6θ 为假定的最差下滑角。

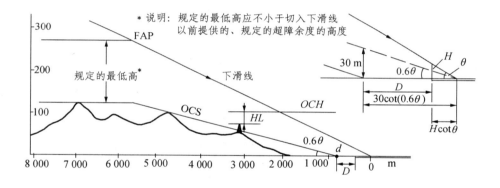

图 5-5　PAR 进近的超障面(OCS)

当计算的 D 值大于 1 060 m 时,则最后航段终止于 1 060 m 处。最后进近航段的 OCH 根据穿透最后进近 OCS 面的最高障碍物高和气压高度表余度(HL)来确定。

(三) 复飞区及其 MOC

PAR 进近的复飞也分为起始、中间和最后复飞三阶段。

起始复飞自 d 点开始,至距入口 900～1 800 m 之间的一点止。中间复飞紧接其后,一直延伸至一个足够的距离为止,这距离要能保证飞机以 2.5％的梯度上升到一个能够开始做较大转弯的高度,或可以开始平飞加速的高度,或者到达航路或等待飞行的最低安全高度。在这之后是复飞最后阶段。

复飞区自 d 点至入口之后 1 800 m 或跑道末端(以较早者为准)起宽 600 m(±300 m),此后向两侧扩张 15°至直线复飞的终点。如果在整个直线复飞过程中能提供确实的雷达引导,则扩张角可以缩减为 10°(见图 5-4)。若有其他导航设备提供复飞的航迹引导,区域的缩减以及转弯复飞区的确定均按一般准则的规定实施。

在确定某一跑道的复飞区时应适当考虑以下两点：

① 因规定离入口最大距离 1 800 m 开始以 2.5％梯度上升，可能过分限制了某些飞机的运行。因此，起始爬升可以根据具体情况适当前移，但离入口不得小于 900 m。

② 10°和 15°扩张角是考虑了驾驶员在复飞过程中有或没有雷达引导时保持航迹的能力。

起始复飞的超障余度与最后进近一并考虑，如果附件 14 面的进近面高于雷达的进近面和起始复飞面（见图 5-3），则机场障碍物限制面将作为计算最后进近/起始复飞的 OCH 时的超障面。

中间复飞的最小超障余度（MOC）为 30 m。最后复飞的 MOC 和水平加速段及其后 1％梯度的航路爬升段的超障余度，均执行一般准则的规定。

三、PAR 进近程序公布的 OCH

PAR 进近程序公布的 OCA/OCH，必须是最后进近和起始复飞航段的 OCA/OCH 与保证在复飞的中间和最后阶段提供最小超障余度的 OCA/OCH 中数值较高者，如图 5-6 所示。

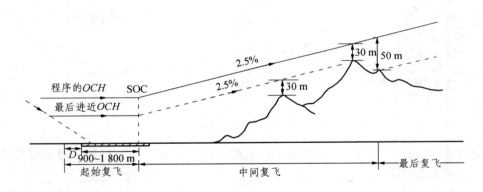

图 5-6　复飞各阶段及其超障余度

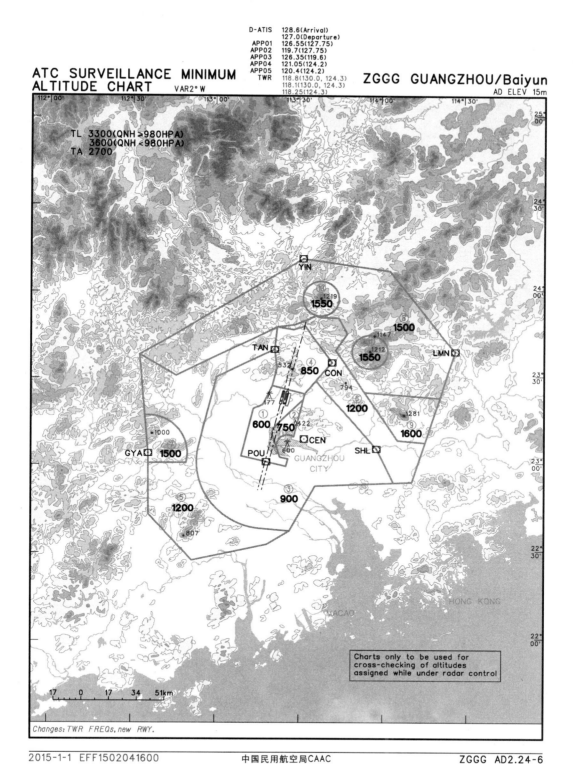

图 5-7 雷达引导最低高度图举例

复习思考题

5-1 什么是雷达进近程序？

5-2 监视雷达进近各航段的航迹对正、航段长度和下降梯度有何基本规定？

5-3 精密雷达进近各航段的航迹对正、航段长度和下降梯度有何基本规定？

5-4 简述 PBN、RNAV、RNP 的概念和它们之间的关系。

5-5 综合描述基于性能的导航进近程序与传统进近方式有何不同？

第六章　离场和进场程序设计

在每一个需要建立仪表飞行程序的机场,都应当设计标准仪表离场和进场程序,或者按规定建立全向离场的最低爬升梯度和全向进场的最低安全高度的限制。

第一节　离场程序一般原理

程序设计时,根据机场地形、障碍物、助航设施以及空中交通流向等情况,可规定标准离场航线或全向离场(不规定标准离场航线),按照 8168 文件关于离场程序的超障准则,检查离场航线保护区或全向离场保护区的超障余度。

为了保证在飞行阶段中飞越障碍物的安全余度和识别障碍物,仪表离场程序可能用以下形式中的任何一种形式表示:

① 规定要飞行的航线;

② 规定要避开的扇区;

③ 规定要达到的最小净上升梯度。

一、离场程序的起点和终点

(一)离场程序的起点

离场程序以起飞跑道的离场末端(Departure End of the Runway,简称 DER)为起点,这一点也就是起飞区域的末端(跑道端或净空道端)。DER 的标高为跑道末端或净空道末端的标高中的较高者。

(二)离场程序的终点

离场程序在 3.3% 梯度或根据安全超障要求的梯度沿飞行航径到达下一飞行阶段(航线、等待或进近)批准的最低高度为止。

二、障碍物鉴别面

障碍物鉴别面(Obstacle Identification Surface,简称 OIS)是建立在机场周围用于识别障碍物的一组斜面,该斜面的梯度为 2.5%。当有障碍物穿透 OIS 面时,必须考虑在离场程序中规定一条飞行航径,以便安全避开障碍物;或者规定一个最小净上升梯度,以便飞越这些障碍物时有一个适当的余度。

OIS面必须定期检查(每年一次即可),以证实障碍物资料是否有效,有没有什么新的变化,能否保证满足最小超障余度和程序的完整性。无论何时,如果有建筑物损害 OIS 面时,应立即通知主管部门。

三、程序设计梯度(PDG)和最小超障余度

程序设计梯度(PDG)是公布的爬升梯度,它从 OIS 面起点开始量算(DER 之上 5m(16 ft))。

如果没有障碍物穿透 OIS 面,则飞机的最小净上升梯度规定为 3.3%,直升机 H 类为 4.2%。因此在 OIS 面之上提供了一个逐渐增加的最小超障余度(MOC),这个 MOC 在跑道离场末端(DER)为 0,然后在规定的超障区内向飞行方向按水平距离的 0.8% 递增。

0.8% 的 MOC 是对适航性能的基本因素提供的额外缓冲余度,在有陡峭地形的地方,应考虑增加最小超障余度(见第二章中关于山区需要增加最低超障余度部分)。

如果有一个障碍物穿透 OIS 面,而且不可能规定一条离场航线以避开这个障碍物时,则应公布一个飞跃该障碍物时能提供最小超障余度的上升梯度。公布的净上升梯度应规定到一个高度,在这个高度以后恢复使用 3.3% 的上升梯度,如图 6-1 所示。

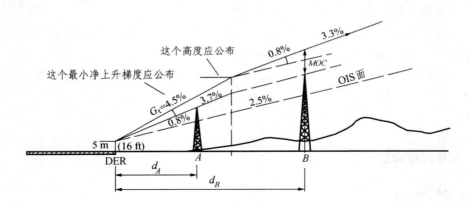

图 6-1　最小净上升梯度和最小超障余度

如果有一个位置适当的 DME 台,为了保证飞机越障时的最小超障余度,应根据公布的净上升梯度计算出各个距离所对应的高度,并予以公布,以提供一种检查是否达到规定的净上升梯度的方法。

飞行中,飞机应保持的平均上升率(V_y),可根据飞机的地速(v)和净上升梯度(G_r)按下式计算或从图 6-2 上查出:

$$V_y = G_r \cdot v$$

式中,v 单位为 kn,V_y 单位为 ft/min(英尺/分)。

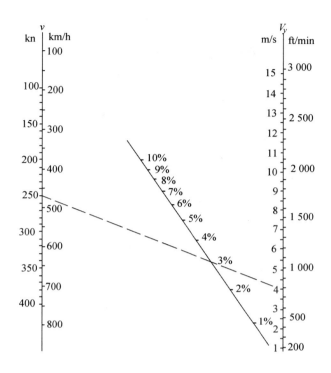

图 6-2 V_y 与 G_r 的换算

第二节 离 场 航 线

离场航线有直线离场和转弯离场两种基本形式。直线离场航线应在距 DER 20 km(10.8 n mile)以内得到航迹引导,在离场需要转弯时,则在完成转弯后 10 km(5.4 n mile)以内得到航迹引导。航迹引导通常由 NDB、VOR 提供,如果有监视雷达,也可用于航迹引导。

一、直线离场

(一)航迹对正

符合以下条件之一为直线离场:

① 起始离场航迹与跑道中线方向相差在 15°以内(≤15°);

② 离场航线与跑道中线延长线的交点离 DER 在 3.5 km(1.9 n mile)以内(≤3.5 km),或在 PDG 达到 DER 标高之上 120 m(394 ft)的位置之前;

③ 离场航迹偏于跑道中线一侧而在 DER 的横向距离不大于 300 m(≤300 m),如图 6-3 所示。

在实际中只要可能,离场航线就应与跑道中线延长线一致。

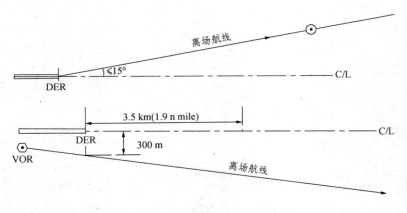

图 6-3　直线离场的航迹对正

（二）直线离场的保护区

在设计区域时，假定直线离场航线方向的调整是在到达 DER 标高之上 120 m 以前，或在规定的航迹调整点进行。起始离场航线方向可调整的最大角度为 15°。

1. 无航迹引导的区域

不考虑航迹引导的直线离场区，以 DER 为起点，起始宽 300 m，按下述规定向两侧扩张：第一区延伸到离 DER3.5 km 处，第二区紧接第一区延伸到离场程序的终点。

在起始离场航线与起飞跑道方向一致的情形下，区域边界以跑道方向为准向两侧扩张 15°，如图 6-4 所示。

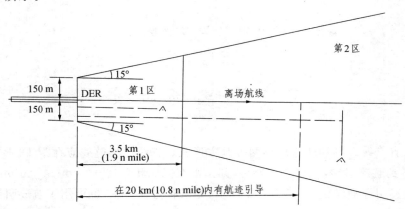

图 6-4　起始离场航线与起飞跑道方向一致

起始离场航线偏置 α 角度（$\alpha \leqslant 15°$），未规定航迹调整点，这时，区域边界也向航线偏置一侧调整 α 角度，如图 6-5 所示。

起始离场航线偏置 α 角（$\alpha \leqslant 15°$），规定有航迹调整点，这时，区域边界自航迹调整点定位容差区向航线偏置一侧调整 α 角度，如图 6-6 所示。

2. 有航迹引导的区域

如果有适当位置的 NDB、VOR 或监视雷达为直线离场提供航迹引导时，第一区的起始宽至少为 300 m，第二区的边界由导航设施提供的保护区确定，比无航迹引导时有所缩减。区域的画法有以下两种基本情形。

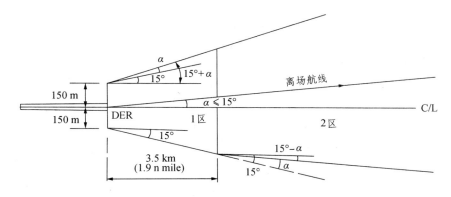

图 6-5 起始离场航线偏置且未规定航迹调整点

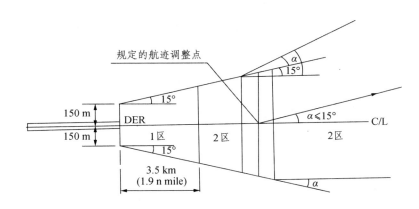

图 6-6 起始离场航线偏置且规定有航迹调整点

（1）起始宽 300 m

如图 6-7、图 6-8 和图 6-9 所示。由 NDB、VOR、监视雷达提供的梯形保护区与非精密进近的最后进近梯形保护区相同。

（2）起始宽大于 300 m

当离场航线在 DER 处偏离跑道中线 300 m 以内时，第一区的起始宽应离跑道中线和离场航线各 150 m，总宽度大于 300 m（最大 600 m）。第一区边界以跑道方向和离场航线方向为基准，向两侧各扩大 15°直到与提供航迹引导的区域相交为止，如图 6-10、图 6-11、图 6-12 所示。

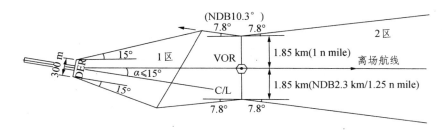

图 6-7 起始航线偏置（有航迹引导）

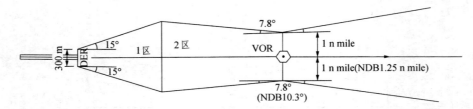

图 6-8　起始航线与跑道方向一致（前方有电台引导）

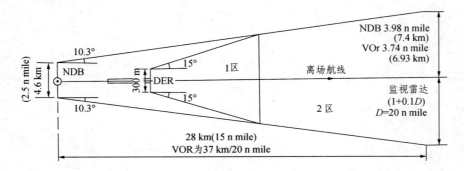

图 6-9　起始航线与跑道方向一致（后方有电台引导）

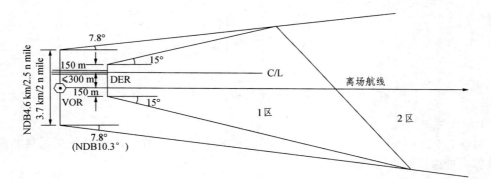

图 6-10　离场航线平行于跑道方向（有航迹引导）

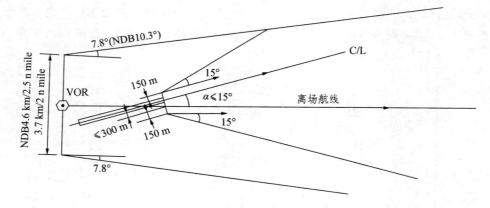

图 6-11　离场航线偏离跑道方向（有航迹引导）

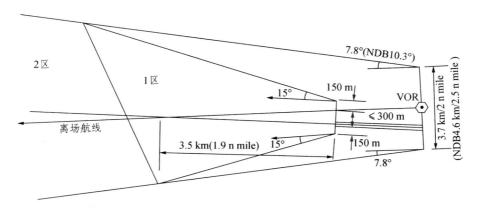

图 6-12 离场航线与跑道中线延长线相交(有航迹引导)

（三）障碍物鉴别面（OIS）

覆盖第一区的 OIS 面以 DER 为起点，起始高 5 m，以 2.5% 梯度向飞行方向量取。第二区的 OIS 面从第一区 OIS 面的末端开始，按 2.5% 梯度上升，至障碍物的距离（d_O）是从 DER 量起。在高为 h_O 的障碍物处，OIS 面的高（z）按下式计算：

$$z = 0.025d_O + 5 \quad (m)$$

如果 $h_O > z$，则 OIS 面被障碍物所穿透。

二、转弯离场

离场航线要求大于 15° 的转弯称为转弯离场。转弯离场规定在飞机起飞离场到达 DER 标高之上 120 m(394 ft) 之后，在此之前为直线飞行。

转弯可规定在一个高度或一个定位点上空进行，为检查转弯离场的超障余度，程序设计时必须画出转弯区。

如果障碍物的位置和高度不能使转弯离场满足最低转弯高度的准则，则离场程序应根据当地情况与有关飞行单位的意见进行设计。

（一）画转弯离场区的参数
转弯离场保护区所依据的参数为：
· 高度：如在指定高度/高转弯，即为转弯高度/高；如在指定转弯点转弯，即为机场标高加上从 DER 至 TP 以 10% 爬升梯度得到的高。
· 气温：机场气压高度的 ISA+15℃。
· 指示空速：各类飞机最后复飞速度增加 10%（因为起飞重量比复飞重量大）。但如果为了避开障碍物而要求一个较小的超障区时，可以使用中间复飞速度增加 10%，这时，程序中需说明"离场转弯的最大速度限制为×××km/h"。
程序设计时，指示空速需根据上述高度和气温换算为真空速。
· 转弯坡度：平均 15°。
· 风向风速：如果有风的统计资料，可用 95% 概率的全向风速，没有此统计资料则应使用 30 kn(56 km/h) 的全向风速。

- 定位容差:取决于定位形式。
- 飞行技术容差:驾驶员反应时间 3 s＋建立坡度 3 s。

(二)在指定高度转弯

为了避开直线离场方向上必须避开的障碍物,程序应要求飞机在以规定的航向或由航迹引导上升到一个规定的高度时再开始转弯。选择的转弯高度要保证飞机避开前方的障碍物,并且在转弯离场中飞越其保护区内的所有障碍物时,要有适当的超障余度,转弯离场设计的基本任务就是设计适当的转弯离场航线,确定转弯高度。

1.计算转弯高度(TH)

先选择一个转弯点(TP),这个转弯点在直线离场航线上的位置,要能保证前方必须避开的障碍物排除在转弯离场保护区之外。直线离场的准则使用到 TP 为止,这样,就可以按下式计算出转弯高度(初算的转弯高度):

$$TH=d_r \cdot G_r+5 \quad (m)$$

式中,d_r 为 DER 至 TP 的水平距离(m),G_r 为飞机最小净上升梯度 3.3%。如果要求到达 TP 的 G_r 大于 3.3%时,则必须公布具体的上升梯度。

2.保护区的画法

转弯离场的第一区与无航迹引导的直线离场区完全相同,这个区在能使飞机上升到离 DER 标高之上至少 120 m(394 ft)高度的转弯点(TP)为止。转弯离场第二区的画法与转弯复飞区相同,使用的参数已如前述。

(1)转弯起始区

转弯起始区从距跑道端 600 m 的一点(最早 TP)开始,到转弯点(TP)终止。最早 TP 至 DER 之间的区域宽度为 300 m(±150 m),DER 至 TP 的范围与第一区边界一致,如图 6-13 所示。

如果转弯离场不需要提供在离跑道起端 600 m 开始的早转弯,则转弯起始区以 DER 为起点,但离场图中必须加以说明。

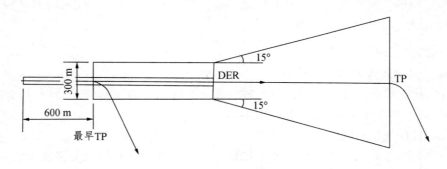

图 6-13 转弯离场的起始区

(2)转弯区

转弯离场的转弯区画法与转弯复飞的转弯区画法相同。完成转弯后,必须在 10 km(5.4 n mile)以内得到航迹引导。如果转弯起始区以 DER 为起点(不提供 DER 之前的早转弯),则转弯区的边界应从 DER 画出,如图 6-14 和图 6-15 所示。

164

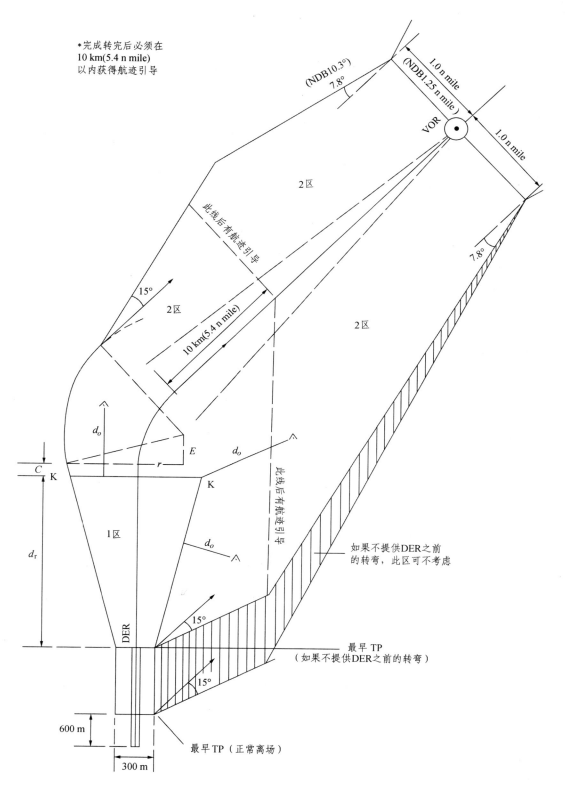

*完成转完后必须在
10 km(5.4 n mile)
以内获得航迹引导

(NDB10.3°)
7.8°

(NDB1.25 n mile)

1.0 n mile

VOR

1.0 n mile

2区

此线后有航迹引导

15°

2区

10 km(5.4 n mile)

2区

7.8°

d_o

E

d_o

r

C

K

K

此线后有航迹引导

1区

d_o

如果不提供DER之前
的转弯，此区可不考虑

d_r

DER

15°

最早 TP
（如果不提供DER之前的转弯）

15°

600 m

最早 TP（正常离场）

300 m

图 6-14　在指定高度转弯的转弯离场区(1)

165

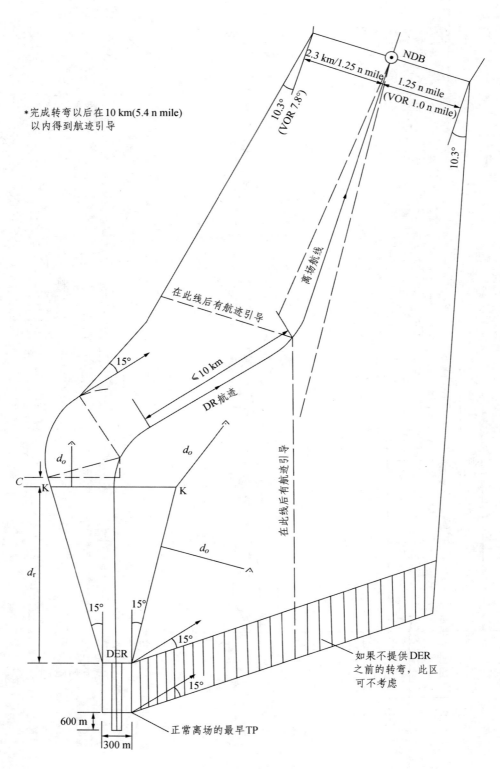

*完成转弯以后在 10 km(5.4 n mile)
以内得到航迹引导

NDB

2.3 km/1.25 n mile
(VOR 7.8°)

1.25 n mile
(VOR 1.0 n mile)

10.3°

10.3°

离场航线

在此线后有航迹引导

15°

< 10 km

DR 航迹

d_o

d_o

C

K

K

d_o

在此线后有航迹引导

d_r

15°

15°

15°

DER

15°

如果不提供 DER
之前的转弯,此区
可不考虑

600 m

正常离场的最早 TP

300 m

图 6-15   在指定高度转弯的转弯离场区(2)

3. 检查转弯离场的超障余度

在转弯起始区内,障碍物高(h_O)应为:

$$h_O \leqslant TH - 90 \text{ m}(295 \text{ ft})$$

在转弯区内及其后的障碍物高(h_O)应为:

$$h_O \leqslant TH + d_O \cdot G_r - MOC$$

式中,d_O 为障碍物至转弯起始区边界上最近点的距离。$MOC = 0.008(d_r + d_O)$ 或 90 m (295 ft),以较高者为准。

4. 转弯高度的调整

如果不能满足前述的超障标准,则程序应规定一个较大的飞机净上升梯度(G_r),以调整转弯高度。

如图 6-16(a)中,假设起始转弯区内最高障碍物高($h_O + 90$)m 大于转弯高度 $TH(TH = d_r \cdot G_r + 5)$,则应按下式计算一个较大的净上升梯度($G_r'$),以提高转弯高度($G_r'$ 使用到 TP 为止):

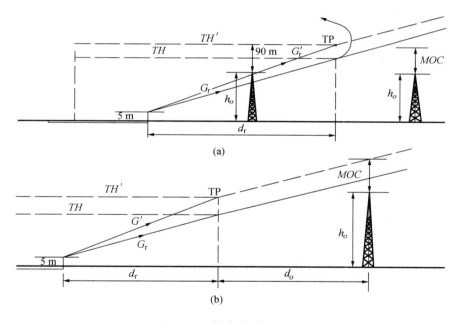

图 6-16 转弯高度的调整

$$G_r' \geqslant \frac{h_O + 85}{d_r}$$

如果影响安全超障的障碍物是在转弯区内,如图 6-16(b)所示,则安全超障的最小净上升梯度为:

$$G_r' \geqslant \frac{h_O + MOC - 5}{d_r} - \frac{d_O}{d_r} G_r$$

调整后的转弯高度为:

$$TH' = G_r' \cdot d_r + 5 \quad (m)$$

（三）在指定的转弯点转弯

为了避开直线离场航线前方的障碍物，应选择一个定位点或离场航线与一条径向（方位）线、DME弧相交的点作为转弯点（TP），规定飞机以最小净上升梯度爬升到定位点上空或预定径向（方位）线、DME测距时开始转弯。直线离场的准则使用到转弯点容差区的最早点（此点规定为最早TP）。

1. 转弯点容差区

（1）转弯点是一个定位点的容差区

转弯点一般用一个电台或交叉定位确定。这种转弯点的容差区的纵向限制取决于定位点的定位容差和飞行技术容差 C，C 为离场最后阶段规定的真空速加上 30 kn（56 km/h）风速飞行 6 s（飞行员反应和建立坡度）的距离，即：

$$C = (TAS + 56) \cdot \frac{6}{3.6} \quad (m)$$

式中，TAS 根据以下参数求出：

① 最后复飞指示空速增加 10%（1.1IAS）；

② 起飞机场气压高度；

③ 起飞机场气压高度的 ISA+15℃。

（2）转弯点不是定位点的容差区

如果转弯点是离场航线与一条 VOR 径向线或 NDB 方位线的交点，则 TP 容差区的纵向限制根据直线离场航线保护区、径向（方位）线容差及 C 值确定，如图 6-17 所示。

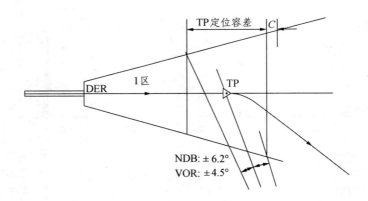

图 6-17　TP 纵向容差由交叉径向（方位）线确定

如果 TP 是离场航线与 DME 弧的交点，则 TP 容差区的纵向限制由直线离场航线保护区、DME 容差和 C 值确定。在 TP 处，DME 径向线与离场航线的交角不大于 23°，如图 6-18 所示。

2. 转弯区的画法

（1）TP 是一个电台

如图 6-19 所示，当 TP 是一个电台（NDB 或 VOR）时，转弯前为 TP 容差区，转弯以

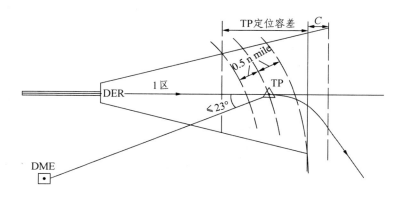

图 6-18 TP 纵向容差由 DME 弧确定

后一般用背台区域。考虑到飞机在电台上空转弯时可能偏到转弯外侧,因此转弯的外侧边界应从 TP 容差最晚点(图 6-19 中的 A 点)开始画边界圆,直到其切线与转弯后的航迹平行的一点(图 6-19 中的 B 点),再由此点保持边界平行于航迹到与导航设施的区域边界相交为止。

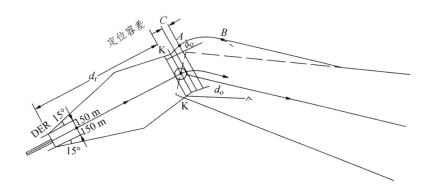

图 6-19 在电台上空转弯的转弯离场区

(2) TP 是一个交叉定位点或交叉点

当 TP 是一个交叉定位点或一个交叉点时,其外边界为 TP 容差区边界,如图 6-20 和图 6-21 所示,而后自 TP 容差最晚点(图 6-21 中的 A 点)画边界圆至其切线平行于转弯后的航迹的一点(图 6-21 中的 B 点),再由此点向外侧扩大 15°。

内边界从转弯内侧 TP 容差最早点(图 6-21 中 K 点)开始向转弯航迹的外侧扩大 15°。

3. 转弯区内的超障余度

在转弯区内障碍物高(h_o)应为:

$$h_O \leqslant G_r(d_r + d_O) + 5 - MOC$$

式中,d_r 为 DER 至 KK 线(最早 TP)的水平距离;G_r 为公布的或最小的上升梯度;$MOC = 0.008(d_r + d_O)$ 或 90 m(295 ft),以较高者为准。

169

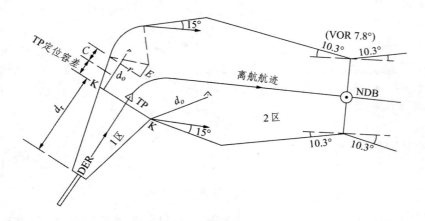

图 6-20　TP 为交叉定位点的转弯离场区(1)

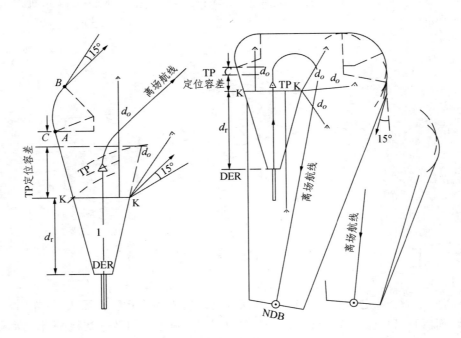

图 6-21　TP 为交叉定位点的转弯离场区(2)

（四）加速航段

在离场航线内应规定一个 20 km(10.8 n mile)的水平部分,以便飞机平飞加速至航路爬升的速度。水平部分及其后的 1% 梯度面的航路爬升部分(到达使用其他超障余度的高度为止),要有 90 m(295 ft)的超障余度。如果根据这一超障余度计算出来的水平加速高度(离场高)大于 250 m(820 ft),为保障加速段及其后的安全超障,程序应说明"加速之前爬升至××× ×高度",如图 6-22 所示。

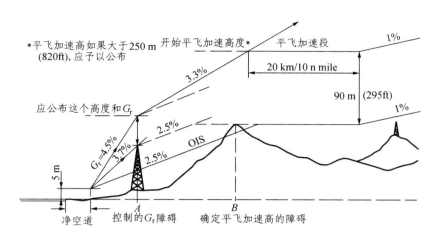

图 6-22　离场航线的加速航段

第三节　全向离场

没有规定离场航线的机场,由于其周围总会有影响离场的障碍物存在,为了保证飞机离场的安全,应检查机场周围区域内影响离场的障碍物,全向离场所规定的面和区域,就是用于鉴别这种影响离场的障碍物。全向离场的限制(离场程序)以规定要避开的扇区或要达到的最小净上升梯度表示。

除程序中另有规定外,飞机的最小净上升梯度为 3.3％,并且飞机在转弯前要上升到离场面 120 m(395 ft)。

一、区　域

全向离场的区域是假设在开始转弯之前直线上升到 DER 标高之上 120 m 的高度,而后区域包括整个机场周围 360°的范围,分为第一区、第二区和第三区。

(一)第一区

第一区从 DER 开始,起始宽 300 m,以起飞跑道方向为基准向两侧各扩大 15°延伸到离 DER 3.5 km 处,如图 6-23 所示。

(二)第二区

第二区自第一区末端开始,向跑道方向两侧各扩大 30°(见图 6-23)。它用于需要做小于 15°转弯的超障区或部分地作为转弯起始区,可延伸到离场需要的距离,如图 6-24 所示。

(三)第三区

第三区包括机场周围的其余部分,它提供大于 15°转弯并延伸到离场所需的距离,如图 6-24 所示。

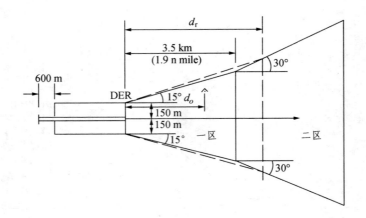

图 6-23　全向离场的第一区和第二区

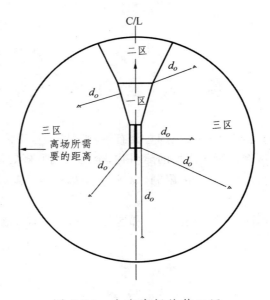

图 6-24　全向离场的第三区

（四）转弯起始区

全向离场的转弯起始区从距离跑道起端 600 m 的一点开始，到飞机到达转弯高度的距离为止，它包括离入口 600 m 到 DER 之间宽 300 m（±150 m）的长方形区、第一区，在某些情况下还包括第二区的一部分（见图 6-23 中的虚线部分）。

二、障碍物鉴别面（OIS 面）

（一）第一区的 OIS 面

第一区的 OIS 面以 DER 为起点，在 DER 标高之上 5 m（16 ft），沿跑道中线以 2.5% 梯度上升到第一区终点。

（二）第二区的 OIS 面

第二区的 OIS 面自第一区末端开始，起始高在 DER 标高之上 90 m（295 ft），以 2.5% 梯度上升到离场所需要的距离，至障碍物的距离从第一区的边线（DER）算起。

（三）第三区的 OIS 面

第三区的 OIS 面从第一区边线或入口 600 m 至 DER 的长方形区边线开始（以较短距离为准），起始高为 DER 标高之上 90 m（295 ft），以 2.5% 梯度上升至离场所需要的距离，到障碍物的距离从起始边界的最近点量起，如图 6-24 所示。

三、超障余度

（一）转弯小于 15°

如图 6-25 所示，在第一区和第二区（可作小于 15° 的转弯）内，最小超障余度要求达到 0.8%，即：

$$h_O \leqslant (G_r - 0.008)d_O + 5 \quad (m)$$

或
$$MOC = 0.008d_O$$

式中，h_O 为 DER 标高之上的障碍物高，d_O 为 DER 至障碍物的距离，G_r 为公布的净上升梯度或最小净上升梯度（3.3%）。

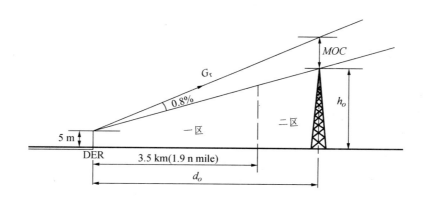

图 6-25　第一区和第二区的超障余度

如果飞越障碍物不能达到至 DER 距离的 0.8% 的余度，则应规定一个较大的净上升梯度。

（二）转弯大于 15°（第三区）

在转弯起始区内的障碍物高应为：

$$h_O \leqslant TH - 90 \text{ m}(295 \text{ ft})$$

如果不能满足这一规定，则应调整转弯高度（TH），晚一点转弯。

173

在转弯区内以及以后的障碍物高应为：

$$h_O \leqslant 120 \text{ m}(394 \text{ ft}) + 0.033d_O - MOC$$

式中，d_O 为障碍物到第一区边界上最近点的距离；$MOC = 0.008(d_r + d_O)$ 或 90 m(295 ft)，以较高者为准，如图 6-26 所示。

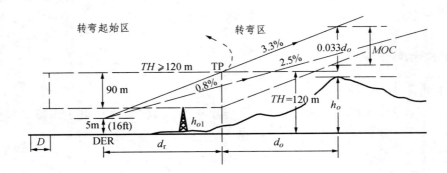

图 6-26　第三区超障余度

如果不能满足上述规定，则应调整转弯高度或规定一个较大的净上升梯度。

第四节　紧急程序及应公布的资料

一、紧急程序

离场程序的超障计算是以 3.3% 的最小净上升梯度为依据的，这个梯度可能高于某些机型一发失效时适航当局批准的梯度。由于某型飞机达不到离场程序规定的最小净上升梯度，因而得不到安全保护，为了对这种飞机提供保护，航空公司或飞行部门必须根据个别机型一发失效时批准的上升性能对障碍物进行检查，并在必要时建立紧急程序。如果地形和障碍物允许，紧急程序的路线应遵循离场程序的路线。

二、离场程序应公布的资料

对于离场程序应公布的资料，国际民航组织 8168 号文件有如下规定。

（一）离场航线应公布的资料

一条离场航线必须规定程序所要求的点、定位点、航线角和高度/高（包括转弯高度/高）。如果必须飞越障碍物时，应对所有要求上升梯度大于 3.3% 的离场提供飞越控制障碍物的最低高度和飞机的最小净上升梯度，还应公布不再要求大于 3.3% 上升梯度的高度或定位点，如图 6-27 所示。在离场过程中飞越重要点的高度也应予以规定和公布，重要点可用导航台或定位点确定。

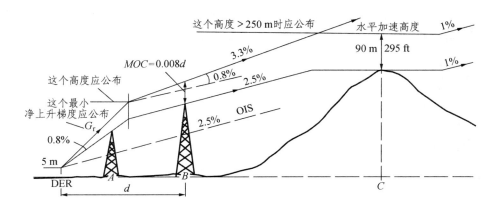

图 6-27　离场航线应公布的上升梯度

（二）全向离场应公布的资料

全向离场的限制应以要避开的扇区表示，或为了安全超障所规定使用的最小转弯高度、飞机的净上升梯度和（或）最低高度的扇区表示。扇区的划分以起飞跑道中点的方位距离表示。划定的扇区在控制障碍物两侧至少 15°。如规定最低净上升梯度的扇区在一个以上，则应公布飞越的扇区中最高的净上升梯度。对于规定上升梯度的高度，必须使飞机在此高度之后，能够继续以 3.3% 的最小净上升梯度通过后面的扇区或达到为另一飞行阶段批准的高度（航线飞行、等待或进近），也可公布一个定位点用以标志飞机飞越这一位置后不再使用大于 3.3% 的上升梯度（过此点后上升梯度恢复到 3.3%）。

飞机最小净上升梯度要求可表示为："飞机最小净上升梯度 50 m/km 或 300 ft/n mile。"

如果有适当的 DME 台，飞机的最小净上升梯度可用 DME 距离与相应的离场高表示，如 DME 为 8 n mile、高度为 3 500 ft 或 DME 为 15 km、高度为 1 000 m。

（三）应公布的其他资料

① 如果离场程序仅限于特定的飞机类型使用，则应在程序中清楚地说明。

② 如果加速高度在离场面 250 m（820 ft）以上，程序应说明"加速之前应爬升到×××高度"。

③ 转弯点必须用一个定位点或一个高度确定予以公布，如"DME 2 n mile"或"在 400 ft"（"DME 4 km"或"在 120 m"）。

④ 如果转弯后需要飞行一个航向切入规定的方位线或径向线，则程序应公布规定的转弯点、保持的航迹以及要加入的方位/径向线，如"在 DME 2 左转至航迹 340 切入 VOR R020"。

⑤ 当在公布的仪表气象条件（IMC）下飞越障碍物的飞机最小净上升梯度时，应对那些不能满足公布的最小净上升梯度的飞机规定最低天气标准（见全天候飞行手册，DOC9365_AN/910）。

按照本章准则完成仪表离场程序设计后，应当绘制标准仪表离场图上报审批并公布，如图 6-28 所示。

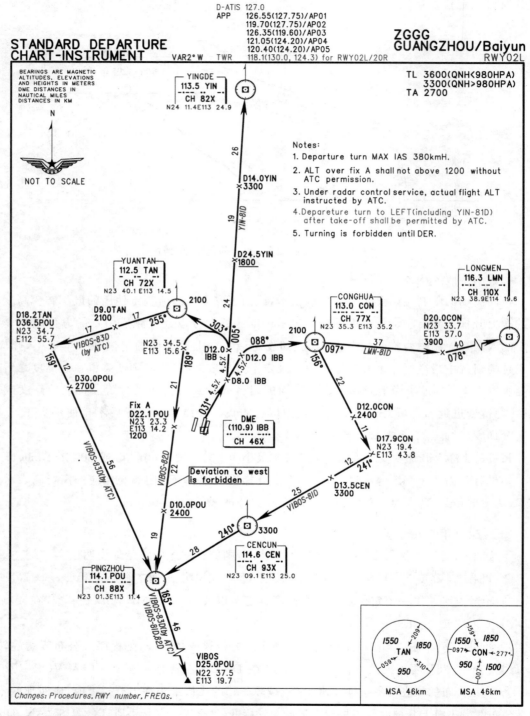

STANDARD DEPARTURE
CHART-INSTRUMENT

ZGGG
GUANGZHOU/Baiyun
RWY02L

D-ATIS 127.0
APP 126.55(127.75)/AP01
     119.70(127.75)/AP02
     126.35(119.60)/AP03
     121.05(124.20)/AP04
     120.40(124.20)/AP05
VAR2°W   TWR 118.1(130.0, 124.3) for RWY02L/20R

TL 3600(QNH<980HPA)
   3300(QNH>980HPA)
TA 2700

BEARINGS ARE MAGNETIC
ALTITUDES, ELEVATIONS
AND HEIGHTS IN METERS
DME DISTANCES IN
NAUTICAL MILES
DISTANCES IN KM

NOT TO SCALE

YINGDE
113.5 YIN
CH 82X
N24 11.4E113 24.9

Notes:
1. Departure turn MAX IAS 380kmH.
2. ALT over fix A shall not above 1200 without
   ATC permission.
3. Under radar control service, actual flight ALT
   instructed by ATC.
4. Depareture turn to LEFT(including YIN-81D)
   after take-off shall be permitted by ATC.
5. Turning is forbidden until DER.

26

D14.0YIN
3300

19

YIN-81D

D24.5YIN
1800

YUANTAN
112.5 TAN
CH 72X
N23 40.1 E113 14.5

LONGMEN
116.3 LMN
CH 110X
N23 38.9E114 19.6

D18.2TAN
D36.5POU
N23 34.7
E112 55.7

D9.0TAN
2100

17

2100

24

005°

303°

088°

CONGHUA
113.0 CON
CH 77X
N23 35.3 E113 35.2

D20.0CON
N23 33.7
E113 57.0
3900

40

255°

17

2100

156°

097°

37

LMN-81D

078°

159°

VIBOS-83D
(by ATC)

12

N23 34.5
E113 15.6

189°

D12.0
IBB

4.5%

D12.0 IBB
4.5%
D8.0 IBB

22

D12.0CON
2400

D30.0POU
2700

21

031°

4.5%

DME
(110.9) IBB
CH 46X

11

D17.9CON
N23 19.4
E113 43.8

Fix A
D22.1 POU
N23 23.3
E113 14.2
1200

56

VIBOS-83D(by ATC)

22

VIBOS-83D

Deviation to west
is forbidden

12

241°

25

VIBOS-81D

D13.5CEN
3300

D10.0POU
2400

19

240°

3300

28

CENCUN
114.6 CEN
CH 93X
N23 09.1 E113 25.0

PINGZHOU
114.1 POU
CH 88X
N23 01.3E113 11.4

165°

VIBOS-83D(by ATC)
VIBOS-81D,82D

4.6

VIBOS
D25.0POU
N22 37.5
E113 19.7

1550 209° 1850
     TAN
059°   310°
     950

159° 1850
1550 CON 277°
097°
     007°
950   1500

MSA 46km

MSA 46km

Changes: Procedures, RWY number, FREQs.

2015-1-1 EFF1502041600

中国民用航空局CAAC

ZGGG AD2.24-7C

(a)

176

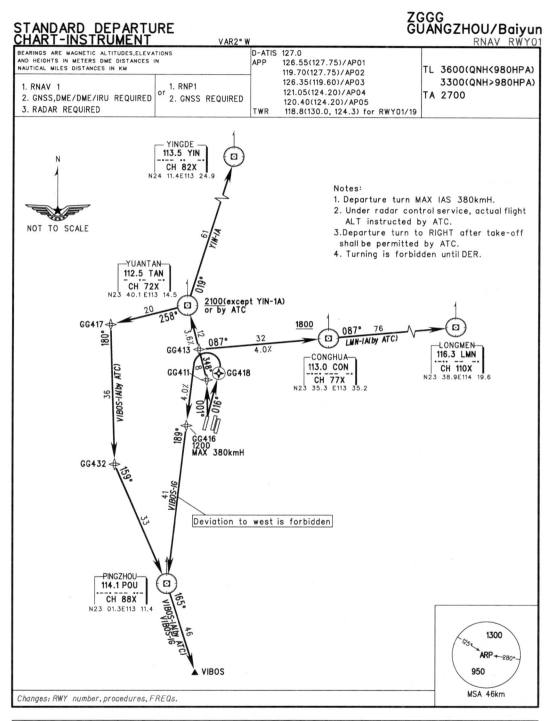

VAR2° W

BEARINGS ARE MAGNETIC ALTITUDES,ELEVATIONS
AND HEIGHTS IN METERS DME DISTANCES IN
NAUTICAL MILES DISTANCES IN KM

1. RNAV 1
2. GNSS,DME/DME/IRU REQUIRED
3. RADAR REQUIRED

or

1. RNP1
2. GNSS REQUIRED

D-ATIS 127.0
APP   126.55(127.75)/AP01
          119.70(127.75)/AP02
          126.35(119.60)/AP03
          121.05(124.20)/AP04
          120.40(124.20)/AP05
TWR   118.8(130.0, 124.3) for RWY01/19

TL 3600(QNH<980HPA)
   3300(QNH>980HPA)
TA 2700

YINGDE
113.5 YIN
--- ·-- ---·
CH 82X
N24 11.4E113 24.9

N
NOT TO SCALE

Notes:
1. Departure turn MAX IAS 380kmH.
2. Under radar control service, actual flight
   ALT instructed by ATC.
3.Departure turn to RIGHT after take-off
   shall be permitted by ATC.
4. Turning is forbidden until DER.

YUANTAN
112.5 TAN
CH 72X
N23 40.1 E113 14.5

GG417   20   258°   2100(except YIN-1A)
                       or by ATC

180°   GG413   087°   32   087°   76
               3.6%   4.0%   1800   LMN-1A(by ATC)

GG411   348°
         8   GG418   LONGMEN
                                   116.3 LMN
VIBOS-1A(by ATC)   4.0%   100°   CONGHUA   CH 110X
                            010°   113.0 CON   N23 38.9E114 19.6
36   CH 77X
                           181°   N23 35.3 E113 35.2
GG432   159°
                    GG416
              41   1200
VIBOS-1G   MAX 380kmH

33

Deviation to west is forbidden

PINGZHOU
114.1 POU
--- · ---
CH 88X
N23 01.3E113 11.4

165°   VIBOS-1A(by ATC)   4.6
        VIBOS-1G

▲ VIBOS

125   1300
ARP ←280°
950
MSA 46km

Changes: RWY number, procedures, FREQs.

(b)

图 6-28 标准仪表离场图举例

第五节　最低扇区高度(*MSA*)

最低扇区高度也称为扇区最低安全高度,是紧急情况下在规定扇区可以使用的最低高度。每个已建立仪表进近程序的机场,都必须确定最低扇区高度。

一、扇区的划分

最低扇区高度应该以一个仪表进近程序所基于的重要点、机场基准点(ARP)或直升机场基准点(HRP)为中心,在半径 46 km(25 NM)的范围以内加以应用。通常按照罗盘象限,即进入的磁方向为 0°、90°、180°和 270°划分为 4 个扇区,但如果因地理条件或其他原因,扇区边界也可以选择其他方位,以便取得最佳的最低扇区高度。如图 6-29 中,根据地形和障碍物情况,分别以 140°、210°、300°的磁方向为界,将整个区域划分为 3 个扇区,从而使最高障碍物的影响限制在最小的范围(图中 210°～300°扇区)内。

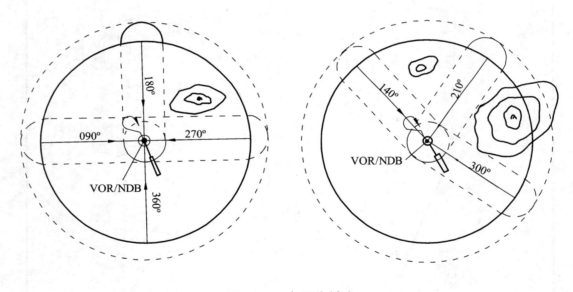

图 6-29　扇区的划分

在各扇区边界之外 9 km(5 n mile)以内的范围为该扇区的缓冲区。

二、最低扇区高度的确定

最低扇区高度等于该扇区(包括缓冲区)内的最高障碍物标高加上至少 300 m 的超障余度,然后以 50 m 或 100 ft 向上取整。在山区,最低超障余度应予增加,增加的数值最大可达 300 m,即山区飞行时,最低超障余度应为 300～600 m。

三、相邻电台使用的混合扇区

如果一个机场使用一个以上的导航台用作仪表进近,则应分别以不同的电台为中心画出扇区图和计算最低扇区高度。作为不同扇区中心的电台,如果相距 9 km(5 n mile)以内,则部分扇区将相互重叠(混合扇区),混合扇区的最低扇区高度应以各自计算出来的最低扇区高度中的最大值为准。如图 6-30 所示,相邻电台 A 和 B 建立的第四象限扇区的 MSA 分别为 1 250 m 和 1 150 m,应以 1 250 m 作为两个扇区的最低安全高度。

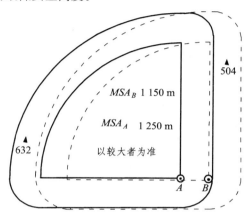

图 6-30　混合扇区使用的 MSA

四、以 VOR/DME 或 NDB/DME 为中心的扇区

以 VOR/DME 或 NDB/DME 为中心的扇区,可以在扇区内另外规定一个圆形边界(DME 弧),将扇区划分为分扇区,在里面的区域使用较低的 MSA。使用的 DME 弧应选择在 19～28 km(10～15 n mile)之间,以避免使用的分扇区太小。分扇区之间的缓冲区宽度仍使用 9 km(5 n mile),如图 6-31 所示。

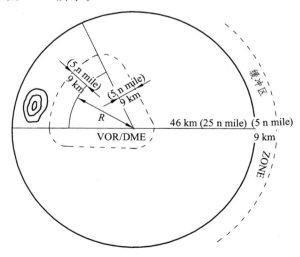

图 6-31　用 DME 弧确定 VOR/DME 分扇区的边界

通过上述方法确定的 MSA,必须公布在标准仪表进场图、仪表进近图和标准仪表离场图上,如图 6-28(a)、图 6-36(a)所示。

第六节　进场航段

一、标准仪表进场

（一）总　则

本节所包含准则适用于所有标准仪表进场。

在一些情况下,需要设计从航路结构至起始进近定位点的进场航线。只有这些航线能够提供运行上的好处才应该建立和公布。应该考虑当地的空中交通流量。进场航线的长度不得超过提供导航引导的导航设施运行服务范围。

标准仪表进场（STAR）应该简单并易于理解,在程序中只应该包括用于 ATS 目的和确定航空器飞行航迹时必不可少的导航设施、定位点或航路点。

一个标准仪表进场航线应该适用于尽可能多类型的航空器。

标准仪表进场航线应该在一个定位点开始,如无线电导航设施、交叉定位点、DME 定位或航路点。

通过连接通常位于 ATS 航路上的一个重要点与一个仪表进近程序的起始点,标准仪表进场航线应该允许从航路阶段过渡到进近阶段。

设计的标准仪表进场航线应该允许航空器沿航线导航,减少雷达引导的需要。

标准仪表进场航线可以服务于终端区内的一个或多个机场。

程序设计应该考虑通过实施连续下降而获得环境和效率上的好处。如果有速度和高度限制也应该考虑。在与运营人的协商中,应该考虑所涉及类型航空器的运行能力。

当有可能时,STAR 的设计应该使用 DME 定位或航路点而不是交叉定位。

DME 弧可以为一条进场航线的全部或一部分提供航迹引导。最小的圆弧半径应该为 18.5 km（10 n mile）。圆弧可以在起始进近定位点,或其之前连接到直线航迹,在这种情况下,圆弧和航迹的夹角不得超过 120°。如果夹角超过 70°,则应该指定一条前置径向线,提供至少距离为"d"的提前量,以帮助引导转弯（$d = r \times \tan(\alpha/2)$；$r$ 为转弯半径；α 为转弯角）。

（二）保护区设计

1. 进场航线等于或大于 46 km（25 n mile）

当进场航线长度等于或大于 46 km（25 n mile）,航路准则使用至 IAF 之前 46 km（25 n mile）,保护区宽度从 46 km（25 n mile）处按轴线两侧各 30°进行收敛,直至由起始进近准则规定的宽度,如图 6-32 所示。

2. 进场航线小于 46 km（25 n mile）

当进场航线长度小于 46 km（25 n mile）,保护区的宽度从进场航线开始处按轴线两侧各 30°角收敛至由起始进近准则规定的宽度,如图 6-33 所示。

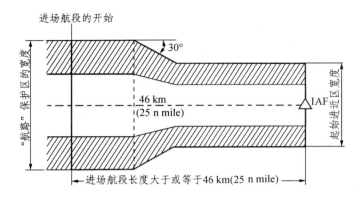

图 6-32　进场航段保护区(进场航段长度大于等于 46 km(25 n mile))

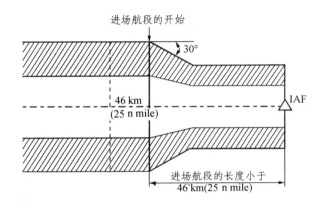

图 6-33　进场航段保护区(进场航段长度小于 46 km(25 n mile))

3. 转弯保护

转弯应该使用以下准则进行保护:

① 距离 IAF 大于 46 km(25 n mile),使用航路准则。

② 距离 IAF 等于或小于 46 km(25 n mile),使用起始进近准则。

4. 沿 DME 弧进场

当采用沿 DME 弧进场时,使用第二章第二节的准则,如下准则除外:

① 距离沿 DME 弧量取。

② 保护区在 9.6 km(5.2 n mile)距离范围内逐渐减小,该距离沿 DME 弧量取。

绘制方法如下:从 DME 弧的圆心(O 点)画直线 OA 和 OB,与主、副区边界交于 A_1,A_2,A_3,A_4 和 B_1,B_2,B_3,B_4。而后画线连接对应的 A 点和 B 点,如图 6-34 和 6-35 所示。

(三) 超障余度

主区内的超障余度最小为 300 m(984 ft),副区内边界上的超障余度为 300 m(984 ft),线性减少至外边界为零。

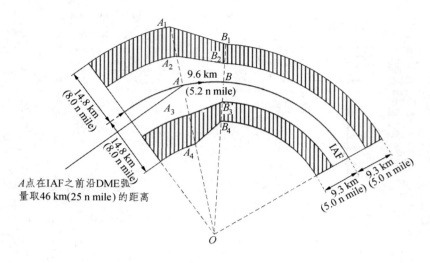

图 6-34　DME 弧—进场航段长度大于等于 46 km(25 NM)

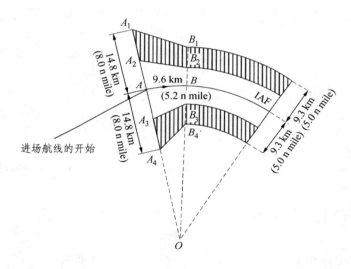

图 6-35　DME 弧—进场航段长度小于 46 km(25 NM)

(四)程序高度/高

程序高度/高不得低于最低超障高度(MOCA),并且应该配合空中交通管制的要求来确定。设定的进场航段程序高度/高,应该能使航空器在中间航段内切入最后进近航段规定的下降梯度/角度。

二、全向或扇区进场

提供全向进场或扇区进场应该考虑最低扇区高度(MSA),或终端区进场高度(TAA)。

D-ATIS 128.6
APP   126.55(127.75)/AP01
       119.70(127.75)/AP02
       126.35(119.60)/AP03
       121.05(124.20)/AP04
       120.40(124.20)/AP05
TWR 118.8(130.0, 124.3) for RWY01/19
    118.1(130.0, 124.3) for RWY02L/20R
    118.25(124.3) for RWY02R/20L

STANDARD ARRIVAL
CHART-INSTRUMENT   VAR2°W

ZGGG
GUANGZHOU/Baiyun
RWY 01/02L/02R

TL 3600(QNH<980HPA)
   3300(QNH>980HPA)
TA 2700

BEARINGS ARE MAGNETIC
ALTITUDES, ELEVATIONS
AND HEIGHTS IN METERS
DME DISTANCES IN
NAUTICAL MILES
DISTANCES IN KM

NOT TO SCALE

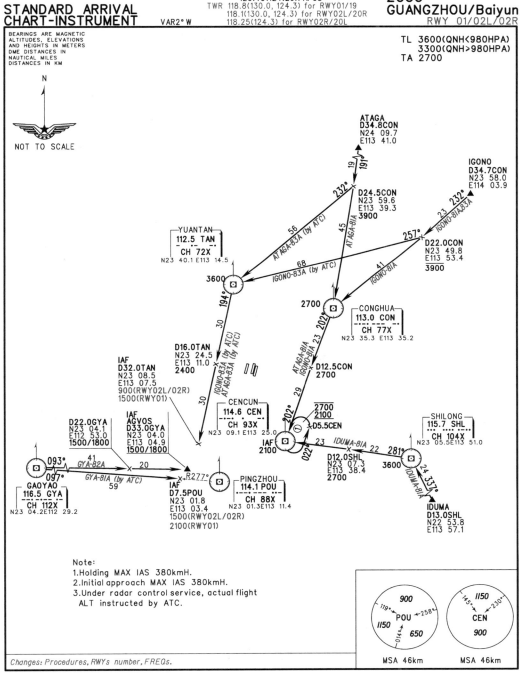

Note:
1.Holding MAX IAS 380kmH.
2.Initial approach MAX IAS 380kmH.
3.Under radar control service, actual flight
  ALT instructed by ATC.

MSA 46km   MSA 46km

Changes: Procedures, RWYs number, FREQs.

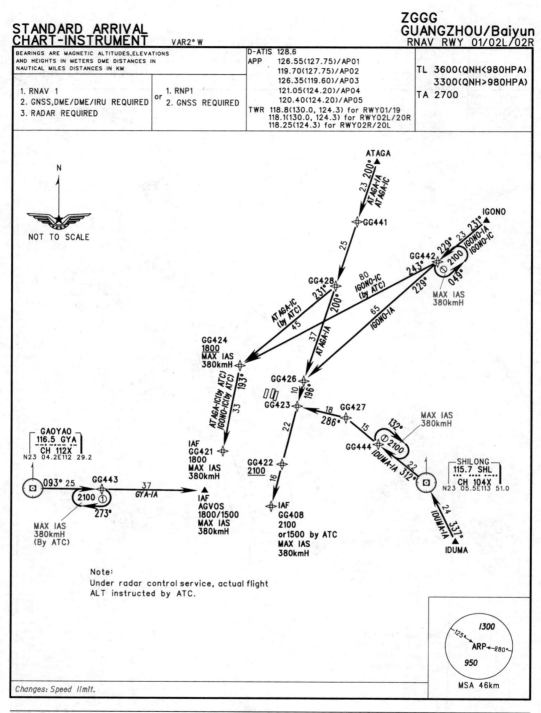

ZGGG
GUANGZHOU/Baiyun
RNAV RWY 01/02L/02R

BEARINGS ARE MAGNETIC ALTITUDES,ELEVATIONS
AND HEIGHTS IN METERS DME DISTANCES IN
NAUTICAL MILES DISTANCES IN KM

1. RNAV 1
2. GNSS,DME/DME/IRU REQUIRED
3. RADAR REQUIRED

or

1. RNP1
2. GNSS REQUIRED

D-ATIS 128.6
APP   126.55(127.75)/AP01
      119.70(127.75)/AP02
      126.35(119.60)/AP03
      121.05(124.20)/AP04
      120.40(124.20)/AP05
TWR 118.8(130.0, 124.3) for RWY01/19
    118.1(130.0, 124.3) for RWY02L/20R
    118.25(124.3) for RWY02R/20L

TL 3600(QNH<980HPA)
   3300(QNH>980HPA)
TA 2700

NOT TO SCALE

Note:
Under radar control service, actual flight
ALT instructed by ATC.

MSA 46km

Changes: Speed limit.

(b)

图 6-36   标准仪表进场图举例

184

复习思考题

6-1 什么是离场程序的起点、终点和表示形式？

6-2 什么是最小净上升梯度和最小超障余度？

6-3 简述直线离场航迹对正的规定。

6-4 简述转弯离场超障余度的检查。

6-5 简述全向离场保护区基本画法和超障余度的检查。

6-6 简述仪表进近程序中扇区的划分及 MSA 的确定方法。

6-7 简述标准仪表进场程序的相关规定和保护区参数要求。

第七章 机场运行最低标准

机场运行最低标准是机场可用于起飞和进近着陆的运行限制,用以下数据表示:对于起飞,用跑道视程(RVR)和/或能见度(VIS)表示,如需要,还包括云底高;对于精密进近(PA)和类精密进近(APV),用决断高度/高(DA/H)和 VIS/RVR 表示;对于非精密进近(NPA)和盘旋进近,用最低下降高度/高(MDA/H)和 VIS/RVR 表示。

本准则的制定为了提高民用航空全天候运行的安全水平,规范机场运行最低标准的制定与实施,与国际通行准则保持一致。本准则适用于为已建立仪表或目视飞行程序的民用机场及军民合用机场制定民用航空器使用的机场运行最低标准,为航空运营人制定其运行最低标准和实施细则提供指南。

在机场执行目视起飞和进近着陆时,运营人应确保飞机在云外飞行,并保持对地面目视参考的持续可见。一般情况下,要求机场云底高不小于 300 m;飞行高度等于或高于平均海平面之上 3 000 m(10 000 ft),VIS 不小于 8 000 m,低于平均海平面之上 3 000 m(10 000 ft),VIS 不小于 5 000 m。经局方特殊批准,可使用云底高不小于 100 m、VIS 不低于 1 600 m 的标准。

第一节 起飞最低标准

起飞最低标准通常只用 RVR/VIS 表示。如果在仪表离场程序中规定一个安全飞越障碍物所要求的最小爬升梯度(或使用缺省值 3.3%),并且飞机能满足规定的上升梯度时,起飞最低标准才可以只用 RVR/VIS 表示。但在起飞离场过程中必须看清和避开障碍物时,起飞最低标准应当包括 RVR/VIS 和云底高,并在公布的离场程序图中标出该障碍物的确切位置。

能见度(VIS)是当在明亮的背景下观测时,能够看到和辨认出位于近地面的一定范围内的黑色目标物的最大距离;在无光的背景下观测时,能够看到和辨认出光强为 1 000 坎德拉(cd)灯光的最大距离。

跑道视程(RVR)表示在跑道中心线上,航空器上的驾驶员能看到跑道面上的标志或跑道边灯或中线灯的距离。RVR 不是直接测量的气象元素,它是经大气投射仪测量后考虑大气消光系数、视觉阈值和跑道灯强度而计算的数值。RVR 数值的大小与跑道灯光的强度有关。当 RVR 小于飞机起飞、着陆要求的数值时,应考虑将跑道灯光强度调大直至最强(5 级灯光),以提高飞机运行的正常性。

在可同时获得 RVR 和 VIS 值时,以 RVR 为准。VIS 允许使用的最小数值为 800 m。我国民航气象服务机构一般提供的是主导能见度(prevailing visibility)报告,即观测到的达到或超过四周一半或机场地面一半的范围所具有的能见度值。

云底高(cloud ceiling)又称云幕高,在运行中一般是指云量为多云(BKN)或满天云(OVC)的最低云层的云底距机场标高的垂直距离。

一、基本起飞最低标准

对于一、二发飞机,VIS 为 1 600 m(其中一发飞机的云底高不低于 100 m);三、四发飞机,VIS 为 800 m。

机场用于起飞的最低标准不得低于该机场可用着陆方向着陆的最低标准,除非选择了适用的起飞备降机场。

确定起飞标准时,应能够确保在不利的情况下中断起飞或者关键发动机失效而继续起飞时,具有足够的目视参考以控制飞机。

二、要求看清和避开障碍物的标准

要求看清和避开障碍物所需要的能见度,按起飞跑道的离地端(DER)至障碍物的最短距离加 500 m,或 5 000 m(对于机场标高超过 3 000 m 的机场,为 8 000 m),两者取较小数值。但是 A、B 类飞机最小能见度不得小于 1 600 m,C、D 类飞机不得小于 2 000 m。起飞最低标准中的云底高至少应当高出控制障碍物 60 m。云底高数值按 10 m 向上取整。

三、多发飞机的起飞最低标准

对于多发飞机,如果飞机在起飞中任何一点关键发动机失效后能够停住,或者能够以要求的越障余度继续起飞至高于机场 450 m(1 500 ft),则起飞最低标准不得低于表 7-1 的值;如无 RVR 测报,则可使用的 VIS 最低标准为 800 m。

表 7-1　起飞的最小 RVR

设　　施	RVR(m)
无灯(仅昼间)	500 ①
跑道边灯和中心线	400 ①②
跑道边灯和中线灯	200/250 ①③⑤
跑道边灯和中线灯以及多个 RVR 信息	150/200 ③④⑤

注:① 接地区的 RVR 为控制 RVR,该值也可由驾驶员目测估算。

② 对于夜间运行,至少要求有跑道边灯和跑道末端灯。

③ D 类飞机采用较高值。

④ 除注①说明的情况外,必须获得所有相关 RVR 报告值,并达到规定要求。B、C 类飞机必须有接地区和中间点两个位置的跑道视程(RVR)报告;D 类飞机必须有接地区、中间点和停止端 3 个位置的跑道视程(RVR)报告。

⑤ 使用 RVR 低于 400 m 的起飞最低标准应当满足以下条件:机场低能见度程序(LVP)正在实施中;跑道中线灯间距不大于 15 m。低能见度程序(LVP)是在 II 类与 III 类进近及低能见度起飞时,为确保运行安全而使用的机场程序。

D-ATIS 128.6(arrival); 127.0(departure)
TWR 118.8(130.0, 124.3) for RWY01/19
118.1(130.0, 124.3) for RWY02L/20R
118.25(124.3) for RWY02R/20L
GND 121.75(E)/121.85(W) (121.6)
121.95 for delivery(DCL AVBL)

ZGGG GUANGZHOU/Baiyun
N23° 23.6'E113° 18.5' ELEV 15m

BEARINGS ARE MAGNETIC
ALTITUDES, DISTANCES,
ELEVATIONS AND HEIGHTS
IN METERS

Notes:
1. RWY01/19 approach lighting system is PALS CAT I, the markings similar to RWY02R/20L.
2. RWY20R THR displaced 200m inwards.

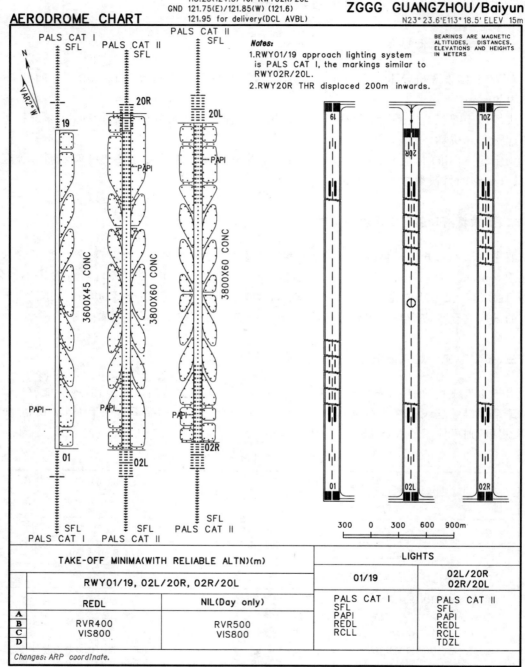

TAKE-OFF MINIMA(WITH RELIABLE ALTN)(m)			LIGHTS	
RWY01/19, 02L/20R, 02R/20L			01/19	02L/20R 02R/20L
	REDL	NIL(Day only)	PALS CAT I SFL PAPI REDL RCLL	PALS CAT II SFL PAPI REDL RCLL TDZL
A B C D	RVR400 VIS800	RVR500 VIS800		

Changes: ARP coordinate.

图 7-1 起飞最低标准举例

第二节　Ⅰ类 PA、APV、NPA 和目视盘旋的最低标准

精密进近(PA)和类精密进近(APV),最低标准通常用决断高度/高(DA/H)和 VIS/RVR 表示;对于非精密进近(NPA)和盘旋进近,用最低下降高度/高(MDA/H)和 VIS/RVR 表示。

精密进近(PA)是使用精确方位和垂直引导,并根据不同的运行类型规定相应最低标准的仪表进近。

类精密进近(APV)是指有方位引导和垂直引导,但不满足建立精密进近和着陆运行要求的仪表进近。

非精密进近(NPA)是指有方位引导,但没有垂直引导的仪表进近。

决断高度(DA)或决断高(DH)是在精密进近和类精密进近中规定的一个高度或高,在这个高度或高上,如果不能建立为继续进近所需的目视参考,必须开始复飞。决断高度(DA)以平均海平面为基准,决断高(DH)以入口标高为基准。

最低下降高度(MDA)或最低下降高(MDH)是在非精密进近或盘旋进近规定的高度或高。如果不能建立为继续进近所需的目视参考,不得下降至这个高度或高以下。最低下降高度(MDA)以平均海平面为基准;最低下降高(MDH)以机场标高为基准,如果入口标高在机场标高之下大于 2 m,则以入口标高为基准。盘旋进近的最低下降高(MDH)是以机场标高为基准。

一、决断高度/高(DA/H)和最低下降高度/高(MDA/H)的确定

最低 DH 和 MDH 不应低于飞行程序设计为各飞机类别所确定的超障高(OCH)。

Ⅰ类 PA、APV(RNP APCH,RNP AR)和 NPA 通常使用气压高度表作为高度基准。在使用修正海压(QNH)时,DA 或 MDA 向上 5 m(或 10 ft)取整。在使用场压(QFE)时,DH 或 MDH 向上 5 m(或 10 ft)取整。

Ⅰ类 PA 使用仪表着陆系统(ILS)或全球导航卫星着陆系统(GLS)。除非特殊批准,其 DH 不低于 60 m(200 ft),RVR 不低于 550 m。全球导航卫星着陆系统(GLS)是使用增强的 GNSS 信息给飞机提供进近引导的系统,它由 GNSS 提供水平和垂直位置,最后进近下降使用几何高度。

APV 是使用气压垂直导航的 RNP APCH 或 RNP AR 程序,或者是使用星基增强系统(SBAS)的程序。除非特殊批准,其 DH 不低于 75 m(250 ft),RVR/VIS 不低于 800 m。

NPA 可使用表 7-2 所列导航设施和设备。除非特殊批准,其 MDH 值不低于 75 m(250 ft),RVR/VIS 不低于 800 m。

表 7-2　NPA 的导航设施与其对应的最低的 MDH

最低的 MDH	设施
仅有航向台(ILS 下滑台不工作)	75 m(250 ft)
RNAV/LNAV	90 m(300 ft)
VOR	90 m(300 ft)
VOR/DME	75 m(250 ft)
NDB	105 m(350 ft)
NDB/DME	90 m(300 ft)

二、RVR/VIS 最低标准的确定

最小 RVR/VIS 可由下列公式计算得到：

$$所需 RVR/VIS(m) = [DH 或 MDH(m)/\tan\theta] - 进近灯光长度(m)$$

其中，θ 是最后进近下滑剖面的角度。

计算得到的数值小于 800 m 时，以 50 m 向上取整；大于 800 m 小于 5 000 m 时，以 100 m 向上取整；大于 5 000 m 时，以 1 000 m 向上取整。

如果计算出的数值小于表 7-3 列出的值，则取表 7-3 中的数值作为最低标准。

表 7-3　各种进近在不同进近灯光系统下的最小 RVR/VIS

进近灯光系统	飞机分类	最小 RVR/VIS(m)			
		ILS	ILS (GP 不工作) APV	VOR RNAV/LNAV	NDB
FALS	A、B、C	550	800	800	1 200
	D		1 200	1 600	1 600
IALS	A、B、C	750	1 200	1 200	1 200
	D		1 600	1 600	1 600
BALS 和 NALS	A、B、C、D	1 200	1 600	1 600	1 600

对于标高小于 3 000 m 的机场，如果 DH 或 MDH 大于 300 m(1 000 ft)，或计算得到的 VIS 大于 5 000 m，使用 VIS 为 5 000 m，并在航图中标注"目视飞向机场"。对于标高大于 3 000 m 的机场，如果 DH 或 MDH 大于 450 m(1 500 ft)，或计算得到的 VIS 大于 8 000 m，使用 VIS 为 8 000 m，并在航图中标注"目视飞向机场"。

对于 I 类 PA，只有 DH 不大于 75 m，且在满足以下情况之一时，才可以使用 RVR 小于 800 m 的标准：

① 跑道具有 FALS、RTZL、RCLL；

② 跑道具有 FALS，使用经批准的 HUD 或自动驾驶仪或飞行指引仪进近。

对于使用平视显示器(HUD)系统，根据局方的有关规定，可批准低于本准则规定的标准。平视显示器(HUD)是一种可以把飞行数据投射到驾驶员正前方的透明显示组件上的显示器，它可以使驾驶员保持平视就能获取飞行信息。平视显示着陆系统(HUDLS)是具备进近着陆引导能力的平视显示系统，它可在整个飞机进近、着陆或复飞阶段提供平视显示引导，包括自身专用的传感器、工作状态信号牌、计算机、平视显示器等。HUDLS 典型用于人工操纵飞机进行 II 类和 IIIA 类进近。

接地区 RVR 是控制 RVR，在其故障时可临时由中间点的 RVR 代替。

对于机场周围地形陡峭、使用大下滑角度、经常出现下沉气流、最后进近偏离跑道延长线、使用远距高度表拨正等情况，可根据运行实际情况，适当提高最低标准。

三、目视参考使用

除非在拟用跑道上，驾驶员可以至少清楚看见并识别下述目视参考之一，可充分评定相对

于预定飞行航径的飞机位置和位置变化率,否则不得继续进近到 DA/H 或 MDA/H 之下:

① 进近灯光系统;

② 跑道入口;

③ 跑道入口标志;

④ 跑道入口灯;

⑤ 跑道入口标识灯;

⑥ 目视下滑坡度指示器;

⑦ 接地区或接地区标志;

⑧ 接地带灯;

⑨ 跑道边灯;

⑩ 局方认可的其他目视参考。

目视助航设施包括标准的跑道标志、进近灯以及跑道灯光(包括跑道边灯、跑道入口灯、跑道末端灯,在一些情况下还包括跑道接地带灯和/或跑道中线灯)。进近灯光系统将目视指示引向进近的飞机,并使跑道环境清晰可见,降低了对 RVR/VIS 的要求。表 7-4 列出了进近灯光构型。对于夜间运行或对跑道和进近灯光有要求的其他运行,灯光必须打开并可用。

表 7-4　进近灯光系统

设备分类	长度、构成和进近灯光强度
完全进近灯光系统(FALS)	ICAO:CAT I 精密进近灯光系统(HIALS 不小于 720 m)
中等进近灯光系统(IALS)	ICAO:简易进近灯光系统(HIALS 420~719 m)
基本进近灯光系统(BALS)	ICAO:其他进近灯光系统(HIALS,MIALS 或 ALS210~419 m)
无进近灯光系统(NALS)	ICAO:其他进近灯光系统(HIALS,MIALS 或 ALS<210 m)或无进近灯光

四、盘旋进近的最低标准

目视盘旋为仪表进近的延续,飞机在仪表进近程序中不能直线进近着陆时,着陆前在机场上空保持目视着陆跑道或跑道环境并最终对正着陆跑道的机动飞行。

盘旋进近的标准不得低于盘旋进近之前仪表进近程序的 DH 或 MDH 以及表 7-5 中列出的最小值。

表 7-5　盘旋进近运行的最低标准

飞机类别	A	B	C	D
MDH	120 m(400 ft)	150 m(500 ft)	180 m(600 ft)	210 m(700 ft)
VIS	1 600 m	1 600 m	2 400 m	3 600 m

按照表 7-6 确定机场盘旋进近的最低标准。盘旋进近的最低标准不得低于该机场所有直线进近程序的最低标准。规定航迹的目视盘旋也适用于本款要求。

表 7-6　MDH 对应的盘旋进近的最小 VIS

MDH(m)	VIS(m)			
	A	B	C	D
120～140	1 600	—	—	—
141～160	1 600	1 600	—	—
161～180	1 600	1 600	—	—
181～205	1 600	1 600	2 400	—
206～225	1 600	1 600	2 800	3 600
226～250	1 600	2 000	3 200	3 600
251～270	1 600	2 000	3 600	4 000
271～300	2 000	2 400	4 000	4 400
300 以上	2 000	3 000	4 400	5 000

第三节　Ⅱ/Ⅲ 类 PA 的最低标准

Ⅱ类(CatⅡ)运行是指 DH 低于 60 m(200 ft)但不低于 30 m(100 ft),RVR 不小于 300 m 的精密进近着陆;

ⅢA 类(CatⅢA)运行是指 DH 低于 30 m(100 ft)或无决断高,RVR 不小于 175 m 的精密进近着陆;

ⅢB 类(CatⅢB)运行是指 DH 低于 15 m(50 ft)或无决断高,RVR 小于 175 m 但不小于 50 m 的精密进近着陆;

ⅢC 类(CatⅢC)运行是指无决断高和无跑道视程限制的精密进近着陆。

Ⅲ类运行中,如果 DH 和 RVR 不在同一类别中,则按照 RVR 确定运行属于哪一类别 (ⅢA、ⅢB、ⅢC)。

一、Ⅱ 类 PA 的最低标准

最低 DH 不应低于飞行程序设计为各飞机类别所确定的 OCH。

目视参考的要求,除非获得并能够保持包括进近灯、接地带灯、跑道中线灯、跑道边灯或者这些灯的组合中至少 3 个连续灯的目视参考,驾驶员不得继续进近至决断高(DH)之下。目视参考中必须包括地面构型的横向水平要素,例如,进近横排灯、入口灯或接地带灯。除非使用经批准的 HUD 至接地。

接地区和中间点的 RVR 为控制 RVR。

II 类运行最低标准的最低值如表 7-7 所示。

表 7-7　II 类运行的最低标准

DH^①	RVR(m)	
	A、B、C 类飞机	D 类飞机
30～35 m(100～120 ft)	300	300/350^②
36～42 m(121～140 ft)	400	400
43 m(141 ft)以上	450	450

注:① II/III 类运行时,通常不使用 DA 的概念。

② D 类飞机实施自动着陆可采用 RVR300 m。

二、III 类 PA 的最低标准

(一)决断高(DH)

对于使用决断高的运行,该决断高不低于在没有获得所需的目视参考情况下可使用精密进近导航设施的最低高。只有在进近助航设施和机场设施都能支持无决断高运行时,方可实施无决断高运行。

对于 III 类运行,除非在航行资料或航行通告中特别规定了决断高,否则可以假定其支持无决断高的运行。

(二)目视参考

对于 IIIA 类运行和使用失效—性能下降飞行控制系统或经批准的 IIIB 类运行,驾驶员不得继续进近至 DH 之下,除非获得并能够保持包括进近灯、接地带灯、跑道中线灯或者这些灯的组合中至少 3 个连续灯的目视参考。

对于使用失效—工作飞行控制系统或使用失效—工作混合着陆系统(包括例如一套 HUD)的 IIIB 类运行,驾驶员不得继续进近至 DH 之下,除非获得并能够保持包括一个中线灯在内的目视参考。

接地区、中间点和停止端的 RVR 为控制 RVR。

(三)III 类运行标准的最低值(如表 7-8 所示)

表 7-8　III 类运行的最低标准

进近类型	DH	滑跑控制/指引系统	RVR(m)
IIIA	低于 30 m(100 ft)	不需要	175
IIIB	低于 30 m(100 ft)	失效—性能下降	150
IIIB	低于 15 m(50 ft)	失效—性能下降	125
IIIB	低于 15 m(50 ft)或无 DH	失效—工作或失效—工作混合着陆系统	50

飞行控制系统包含自动着陆系统和混合着陆系统的系统。

失效－性能下降（fail－passive）飞行控制系统是指如果飞行控制系统失效后,不会出现明显的配平偏差以及飞行轨迹和高度偏差,只是不能完成自动着陆,这种飞行控制系统称为失效－性能下降飞行控制系统。飞行控制系统失效后,驾驶员应接替操纵飞机。

失效－工作（fail－operational）飞行控制系统是指如果在一个警戒高度下飞行控制系统失效,飞机仍能够自动完成进近、拉平和着陆,这种飞行控制系统称为失效－工作飞行控制系统。在失效的情况下,自动着陆系统将作为失效－性能下降飞行控制系统工作。

失效－工作混合着陆系统是指该系统是一个混合系统,其中包含一个失效－性能下降自动着陆主系统和一个独立的辅助指引系统,该指引系统在主系统失效后可以引导驾驶员人工完成着陆。

第四节　机场设备故障或降级对运行标准的影响

一、对着陆标准的影响

见表 7-9、表 7-10。

表 7-9　设备故障或降级对着陆最低标准的影响

设备故障或降级	对着陆最低标准的影响					
	III 类 B	III 类 A	II 类	I 类	APV	NPA
ILS 备用发射机	不允许			无影响		
外指点标	无影响			不适用		
中指点标	（如果由公布的等效位置代替）			无影响,除非该点用作复飞点		
接地区 RVR	不允许			可临时由中间点 RVR 代替,或使用 VIS 标准		
中间点 RVR	不允许			无影响		
停止端 RVR	不允许		无影响			

表 7-10　灯光系统故障或降级对着陆最低标准的影响

灯光系统故障或降级	对着陆最低标准的影响					
	III B 类	IIIA 类	II 类	I 类	APV	NPA
进近灯	不允许 DH 大于 15 m（50 ft）的运行		不允许	执行无灯光的最低标准		
最靠近跑道的 210 m 之外的进近灯	无影响		不允许	执行无灯光的最低标准		
最靠近跑道的 420 m 之外的进近灯	无影响			执行中等灯光设施的最低标准		

进近灯备用电源	不允许	无影响	
全部跑道灯光系统	不允许	执行昼间无灯光的最低标准,不允许夜间运行	
边灯	仅昼间运行,不允许夜间运行		
中线灯	不允许	使用 HUD、自动驾驶仪或飞行指引仪无影响,其他情况下 RVR 不得小于 800 m	无影响
接地带灯			
跑道灯光备用电源	不允许	无影响	
滑行灯系统	不允许	无影响,除非因由于滑行速度降低而导致延误	

二、对起飞标准的影响

见表 7-11。

表 7-11 设备故障或降级对起飞最低标准的影响

设备故障或降级	对起飞最低标准的影响
跑道边灯或跑道末端灯	不允许夜间运行
中线灯	RVR 不得小于 400 m
接地区 RVR	可临时由跑道中间点 RVR 代替,或由 VIS 代替
中间点 RVR	RVR 不小于 400 m
停止端 RVR	RVR 不小于 200 m

第五节 飞行运行的要求

运营人所确定其机场运行最低标准一般不应低于局方批准的该机场最低标准。但如使用 HUD 或者增强目视系统(EVS),经局方特殊批准,可以使用低于机场最低标准的标准。增强目视系统(EVS):一种通过传感器把从外部视野获得的光学影像叠加到 HUD 上,并能为驾驶员在低能见条件下提供飞行引导的显示系统。

在确定具体机场最低标准时,运营人必须全面考虑:

① 飞机型号、性能和操纵品质;

② 飞行机组的组成、胜任能力和经验;

③ 所选用跑道的尺寸和特性;

④ 可用目视和非目视地面助航设备的充分性及特性;

⑤ 在起飞、进近、拉平、着陆、滑跑和复飞时,用于导航和飞行轨迹控制(若适用)的机载设备;

⑥ 在进近、复飞以及爬升区域中对实施应急程序有影响的障碍物;

⑦ 仪表进近程序中的超障高度/高;

⑧ 确定气象条件和报告气象条件的方法；

⑨ 在最后进近航段的飞行技术。

注：在非精密进近中不使用连续下降最后进近(CDFA)时，运营人的最低标准一般应在局方规定的最低标准之上，对于 A、B 类飞机，RVR/VIS 至少增加 200 m，对于 C、D 类飞机，RVR/VIS 至少增加 400 m。连续下降最后进近(CDFA)是一种飞行技术，在非精密仪表进近程序的最后进近阶段连续下降，没有平飞，从高于或等于最后进近定位点高度/高下降到高于着陆跑道入口大约 15 m(50 ft)的点或者到该机型开始拉平操作的点。

当跑道起飞方向的 RVR 或 VIS 低于规定的起飞最低标准时，机组不得开始起飞。

如果两发(含)以上飞机在一发失效后需要返场着陆，则起飞最低标准应不低于着陆最低标准。

如果报告的 RVR 或 VIS 低于程序规定的着陆最低标准，在飞越 FAF 或等效点之前，驾驶员不得继续进近；如果在飞越 FAF 或等效点之后，驾驶员则可以继续进近至决断高度/高(DA/H)或者最低下降高度/高(MDA/H)。

飞机到达 DA/H，或者在非精密进近到达最低下降高度/高(MDA/H)后至复飞点前，飞机处在正常下降着陆位置，并且已取得要求的目视参考，则可以继续下降至 DA/H 或 MDA/H 以下。否则，不论天气报告如何，如果不能取得外界目视参考，或者根据可用的目视参考，飞机相对于着陆航径的位置不能保证成功着陆，则必须开始实施复飞。

只有报告的 VIS 不小于规定的目视盘旋最低能见度，并已取得和保持对跑道或跑道环境的目视参考，使之能确定飞机相对于跑道的位置，保持在规定的目视盘旋区内，驾驶员才能执行目视盘旋程序。

在进近过程中任何时候飞机到达 MDA/H 或 DA/H 之前，如果遇到严重颠簸，或者由于机载或地面设备故障而导致进近不稳定，不得继续进近。

在仪表进近程序中转入目视飞行，驾驶员应获得充分的目视参考，以保证能正确判明飞机相对于着陆航迹的位置和高度。

复习思考题

7-1 简述基本概念：机场运行最低标准、能见度、云高、最低下降高度/高(MDA/MDH)、决断高度/高(DA/DH)、跑道视程(RVR)、警戒高。

7-2 起飞最低标准如何表示？基本的起飞最低标准是如何规定的？

7-3 非精密进近的最低标准如何表示？MDA/MDH 是如何确定的？

7-4 精密进近的最低标准如何表示？DA/DH 是如何确定的？

7-5 为保证飞行安全，在飞行程序运行时应遵守哪些基本要求？

附　　录

一、定义和缩略语

(一)定义(中英文对照)

Aerodrome elevation. The elevation of the highest point of the landing area.

机场标高:着陆区最高点的标高。

Along-track tolerance (ATT). A fix tolerance along the nominal track resulting from the airborne and ground equipment tolerances.

沿航迹容差(ATT):沿标称航迹的定位点容差,由机载和地面设备误差产生。

Altitude. The vertical distance of a level, a point or an object considered as a point, measured from mean sea level (MSL).

高度:从平均海平面(MSL)量至一个平面,一个点或作为一点的物体的垂直距离。

Area navigation (RNAV). A method of navigation which permits aircraft operation on any desired flight path within the coverage of the station-referenced navigation aids or within the limits of the capability of self-contained aids, or a combination of these.

区域导航(RNAV):一种领航方法,它允许航空器在导航台站的覆盖范围内,或在自备导航设备的能力限制范围内,或二者结合,在任意期望的航迹上运行。

Base turn. A turn executed by the aircraft during the initial approach between the end of the outbound track and the beginning of the intermediate or final approach track. The tracks are not reciprocal. Note. — Base turns may be designated as being made either in level flight or while descending, according to the circumstances of each individual procedure.

基线转弯:在起始进近过程中,航空器从出航航迹末端至中间进近或最后进近航迹开始端之间所作的转弯,前后两个航迹之差不是180°。注:按照各个程序的情况,基线转弯可以设计成平飞或下降。

Circling approach. An extension of an instrument approach procedure which provides for visual circling of the aerodrome prior to landing.

盘旋进近:仪表进近程序的延续,是在机场着陆前提供的目视盘旋飞行。

Continuous climb operation (CCO). An operation, enabled by airspace design, procedure design and ATC, in which a departing aircraft climbs continuously, to the greatest possible extent, by employing optimum climb engine thrust and climb speeds until reaching the cruise flight level.

连续爬升运行(CCO):一种运行,由空域设计、程序设计和空管使之成为可能,离场飞机最大可能程度地连续爬升,通过使用最佳爬升发动机推力和爬升速度直至达到巡航高度。

Continuous descent final approach (CDFA). A technique, consistent with stabilized approach procedures, for flying the final approach segment of a non—precision instrument approach procedure as a continuous descent, without level—off, from an altitude/height at or above the final approach fix altitude/height to a point approximately 15 m (50 ft) above the landing runway threshold or the point where the flare manoeuvre should begin for the type of aircraft flown.

连续下降最后进近(CDFA):与稳定进近程序相一致的一种技术,非精密仪表进近程序的最后航段是连续下降的飞行,没有平飞,从高于或等于最后进近定位点的高度/高至高于着陆跑道入口大约 15 m(50 ft)的某一点,或至该类航空器应该开始拉平机动飞行的某一点。

Continuous descent operation (CDO). An operation, enabled by airspace design, procedure design and ATC, in which an arriving aircraft descends continuously, to the greatest possible extent, by employing minimum engine thrust, ideally in a low drag configuration, prior to the final approach fix /final approach point.

连续下降运行(CDO):由空域设计、程序设计和 ATC 启动的一种运行,进场航空器使用最小发动机推力,以理想的最小阻力外形,尽可能地连续下降,直至最后进近定位点/最后进近点。

Contour line. A line on a map or chart connecting points of equal elevation.

等高线:在地图或航图上连接相同标高点的线。

Course. The intended direction of travel of an aircraft, expressed in degrees from North (true, magnetic or grid).

航道:航空器运行的期望方向,由与距离北端(真北、磁北、网格北)的角度表示。

Cross—track tolerance (XTT). A fix tolerance measured perpendicularly to the nominal track resulting from the airborne and ground equipment tolerances and the flight technical tolerance (FTT).

偏航误差(XTT):垂直于标称航迹所测量到的定位点容差,由机载和地面设备误差以及飞行技术误差(FTT)产生。

Dead reckoning (DR) navigation. The estimating or determining of position by advancing an earlier known position by the application of direction, time and speed data.

推测领航(DR):使用方向、时间和速度数据,由前一个已知位置向前推算或确定位置。

Decision altitude (DA) or decision height (DH). A specified altitude or height in a 3D instrument approach operation at which a missed approach must be initiated if the required visual reference to continue the approach has not been established.

Note 1. — Decision altitude (DA) is referenced to mean sea level and decision height (DH) is referenced to the threshold elevation.

Note 2. — The required visual reference means that section of the visual aids or of the approach area which should have been in view for sufficient time for the pilot to have made an assessment of the aircraft position and rate of change of position, in relation to the desired flight path. In Category III operations with a decision height the required visual reference is that specified for the particular procedure and operation. Note 3. — For convenience where both expressions are used they may be written in the form "decision altitude/height" and abbreviated "DA/H".

决断高度(DA)或决断高(DH):在 3D 仪表进近中规定的一个高度或高,在这个高度或高,如果不能建立继续进近所需的目视参考,则必须开始复飞。

注 1:决断高度(DA)以平均海平面为基准,决断高(DH)以入口标高为基准。

注 2:所需的目视参考是指驾驶员看到目视助航设施的一部分或进近区的一部分,并有充分时间允许飞行员评估飞机相对于预定飞行航径的位置及位置变化率。在有决断高的Ⅲ类运行中,所需的目视参考是那些为特定的程序和运行而指定的目视参考。

注 3:为方便起见,如果两个名词都用可以写作"决断高度/高",简写为"DA/DH"。

Dependent parallel approaches. Simultaneous approaches to parallel or near-parallel instrument runways where radar separation minima between aircraft on adjacent extended runway centre lines are prescribed.

相关平行进近:对平行或近距平行仪表跑道的同时进近,相邻跑道中线延长线上的航空器之间,执行雷达间隔最低标准。

Descent fix. A fix established in a precision approach at the FAP to eliminate certain obstacles before the FAP, which would otherwise have to be considered for obstacle clearance purposes.

下降定位点:一个定义在精密进近 FAP 处的定位点,用以排除 FAP 之前的某些障碍物,否则出于超障目的这些障碍物必须予以考虑。

Descent point (DP). A point defined by track and distance from the MAPt to identify the point at which the helicopter may descend below the OCA/H on a visual descent to the heliport/landing location.

下降点(DP):一个由距 MAPt 的航迹和距离定义的点,从该点直升机可以下降至 OCA/OCH 之下,目视下降至直升机场/着陆位置。

Elevation. The vertical distance of a point or a level, on or affixed to the surface of the earth, measured from mean sea level.

标高:从平均海平面量至地球表面或依附于地球表面的一个点或一个平面的垂直距离。

Final approach segment. That segment of an instrument approach procedure in which alignment and descent for landing are accomplished.

最后进近航段:仪表进近程序中为完成航迹对正和下降着陆的航段。

Flight level (FL). A surface of constant atmospheric pressure which is related to a specific pressure datum, 1 013.2 hectopascals (hPa), and is separated from other such surfaces by specific pressure intervals.

Note 1. — A pressure type altimeter calibrated in accordance with the Standard Atmosphere:

a) when set to a QNH altimeter setting, will indicate altitude;

b) when set to a QFE altimeter setting, will indicate height above the QFE reference datum;

c) when set to a pressure of 1 013.2 hPa, may be used to indicate flight levels.

Note 2. — The terms "height" and "altitude", used in Note 1 above, indicate altimetric rather than geometric heights and altitudes.

飞行高度层(FL):相对于一个特定气压基准 1 013.2 hpa(百帕斯卡)的等压面,这些等压面之间用一定的气压间隔隔开。

注 1:气压式高度表按照标准大气校准:

a)当气压高度表定在 QNH 拨正值时,高度表指示为高度(Altitude);

b)当气压高度表定在 QFE 拨正值时,高度表指示为高出 QFE 基准面的高(Height);

c)当气压高度表定在 1 013.2 hPa(百帕),可用以指示飞行高度层(Flight level)。

注 2:在注 1 中所用名词"高"和"高度"是气压高度表的指示,不是几何高和高度。

Flight procedure designer. A person responsible for flight procedure design who meets the competency requirements as laid down by the State.

飞行程序设计人员：符合由各成员国制定的能力要求的，负责飞行程序设计的人员。

GBAS landing system (GLS). A system for approach and landing operations utilizing GNSS，augmented by a groundbased augmentation system (GBAS)，as the primary navigational reference.

地基增强着陆系统(GLS)：一种以 GNSS 地基增强系统为导航基础的进近和着陆运行系统。

Global navigation satellite system (GNSS). A worldwide position and time determination system that includes one or more satellite constellations，aircraft receivers and system integrity monitoring，augmented as necessary to support the required navigation performance for the intended operation.

Note. — GNSS performance standards are found in Annex 10，Volume I，Chapter 3.

全球导航卫星系统(GNSS)：一个全球范围的定位和授时系统，包括一个或多个星座，航空器接收机，系统完整性监控和支持所需导航性能运行的必要增强。

注：GNSS 性能标准见附件 10，第Ⅰ卷，第 3 章。

Ground—based augmentation system (GBAS). An augmentation system in which the user receives augmentation information directly from a ground—based transmitter.

地基增强系统(GBAS)：该增强系统是用户直接接收从地基射器发送的增强信息。

Heading. The direction in which the longitudinal axis of an aircraft is pointed，usually expressed in degrees from North (true，magnetic，compass or grid).

航向：航空器纵轴所指的方向，通常以北（真向、磁向、罗盘向或网格向）为基准，用"度"表示。

Height. The vertical distance of a level，a point or an object considered as a point，measured from a specified datum.

高：从一个规定的基准面量至一个平面、一个点或作为一个点的物体的垂直距离。

Holding fix. A geographical location that serves as a reference for a holding procedure.

等待定位点：作为等待程序基准的某一地理位置。

Holding procedure. A predetermined manoeuvre which keeps an aircraft within a specified airspace while awaiting further clearance.

等待程序：一个预定的机动飞行，航空器保持在规定的空域内以等待进一步的指令。

Independent parallel approaches. Simultaneous approaches to parallel or near—parallel instrument runways where radar separation minima between aircraft on adjacent extended runway centre lines are not prescribed.

独立平行进近：平行或接近平行仪表跑道同时进近，在相邻跑道中线延长线上航空器之间不规定雷达间隔最低标准。

Independent parallel departures. Simultaneous departures from parallel or near—parallel instrument runways.

独立平行离场：从平行或接近平行仪表跑道同时起飞离场。

Initial approach fix (IAF). A fix that marks the beginning of the initial segment and the end of the arrival segment，if applicable.

起始进近定位点(IAF)：一个标志起始进近航段开始，进场航段结束的定位点。

Initial approach segment. That segment of an instrument approach procedure between the initial approach fix and the intermediate approach fix or, where applicable, the final approach fix or point.

起始进近航段：在仪表进近程序中起始进近定位点和中间进近定位点之间，或与最后进近定位点(或最后进近点)之间的航段。

Instrument approach operations. An approach and landing using instruments for navigation guidance based on an instrument approach procedure. There are two methods for executing instrument approach operations：

a) a two—dimensional (2D) instrument approach operation, using lateral navigation guidance only；and

b) a three—dimensional (3D) instrument approach operation, using both lateral and vertical navigation guidance.

Note. — Lateral and vertical navigation guidance refers to the guidance provided either by：

a) a ground—based radio navigation aid；or

b) computer—generated navigation data from ground—based, space—based, self—contained navigation aids or a combination of these.

仪表进近运行：进近着陆使用仪表，用以进行基于仪表进近程序的导航指引。有两种方法实施仪表进近运行：

a)二维(2D)仪表进近运行，只使用水平导航引导；

b)三维(3D)仪表进近运行，同时使用水平和垂直导航引导。

注：提供水平和垂直导航引导的参考是：

a)地基无线电导航台；或

b)从地基、天基、自备导航设备或它们的组合计算产生的数据。

Instrument approach procedure (IAP). A series of predetermined manoeuvres by reference to flight instruments with specified protection from obstacles from the initial approach fix, or where applicable, from the beginning of a defined arrival route to a point from which a landing can be completed and thereafter, if a landing is not completed, to a position at which holding or en—route obstacle clearance criteria apply. Instrument approach procedures are classified as follows：

仪表进近程序(IAP)：根据飞行仪表并对障碍物保持规定的超障余度所进行的一系列预定的机动飞行。这种机动飞行是从起始进近定位点或从规定的进场航路开始，至能完成着陆的一点为止，之后，如果不能完成着陆，则至一个等待或航路超障准则适用的位置。

Non—precision approach (NPA) procedure. An instrument approach procedure designed for 2D instrument approach operations Type A.

Note. — Non—precision approach procedures may be flown using a continuous descent final approach (CDFA) technique. CDFAs with advisory VNAV guidance calculated by on—board equipment are considered 3D instrument approach operations. CDFAs with manual calculation of the required rate of descent are considered 2D instrument approach operations.

非精密进近程序(NPA)：设计用于2D(水平导航)仪表进近运行类型A的仪表进近程序。

注—非精密进近程序的飞行可以使用最后进近连续下降技术(CDFA)。对于有机载设备计算VNAV指引咨询的CDFA可以看作3D仪表进近运行。

Approach procedure with vertical guidance (APV). A performance—based navigation (PBN) instrument approach procedure designed for 3D instrument approach operations Type A.

有垂直引导的进近程序(APV):设计用于 3D(水平导航和垂直导航)仪表进近运行类型 A 的基于性能导航(PBN)仪表进近程序。

Precision approach (PA) procedure. An instrument approach procedure based on navigation systems (ILS, MLS, GLS and SBAS Cat I) designed for 3D instrument approach operations Type A or B.

Note. — Refer to Annex 6 for instrument approach operation types.

精密进近程序(PA):设计用于 3D(水平导航和垂直导航)仪表进近运行类型 A 或 B 的基于导航系统(ILS, MLS, GLS 和 SBAS Cat I)的仪表进近程序。注—仪表进近的运行类型参见附件 6。

Intermediate approach segment. That segment of an instrument approach procedure between either the intermediate approach fix and the final approach fix or point, or between the end of a reversal, race-track or dead reckoning track procedure and the final approach fix or point, as appropriate.

中间进近航段:仪表进近程序中,从中间进近定位点至最后进近定位点(或最后进近点)的航段,或反向程序、直角程序或推测航迹程序末端至最后进近定位点(或最后进近点)的航段。

Intermediate fix (IF). A fix that marks the end of an initial segment and the beginning of the intermediate segment.

中间进近定位点(IF):标志起始进近航段结束,中间进近航段开始的一个定位点。

Landing threshold point (LTP). The LTP is a point over which the glide path passes at a relative height specified by the reference datum height. It is defined by the WGS—84 latitude, longitude and ellipsoid height. The LTP is normally located at the intersection of the runway centre line and threshold.

着陆入口点(LTP):LTP 是一个点,最后进近航迹以相对高(确定为基准高)飞越其之上。它通过WGS—84 经度、纬度和椭球体的高来确定。着陆入口点通常为跑道中线与入口的交点。

Level. A generic term relating to the vertical position of an aircraft in flight and meaning variously, height, altitude or flight level.

高度(高度层):航空器在飞行中的垂直位置的通称,其含义是变化的,可以指高、高度或飞行高度层。

Minimum descent altitude (MDA) or minimum descent height (MDH). A specified altitude or height in a 2D instrument approach operation or circling approach operation below which descent must not be made without the required visual reference.

Note 1. — Minimum descent altitude (MDA) is referenced to mean sea level and minimum descent height (MDH) is referenced to the aerodrome elevation or to the threshold elevation if that is more than 2 m (7 ft) below the aerodrome elevation. A minimum descent height for a circling approach is referenced to the aerodrome elevation.

Note 2. — The required visual reference means that section of the visual aids or of the approach area which should have been in view for sufficient time for the pilot to have made an assessment of the aircraft position and rate of change of position, in relation to the desired flight path. In the case of a circling approach the required visual reference is the runway environment.

Note 3. — For convenience when both expressions are used they may be written in the form "minimum descent altitude/height" and abbreviated "MDA/H".

最低下降高度(MDA)或最低下降高(MDH):在 2D 仪表进近运行或盘旋进近运行中规定的高度或高。如果没有取得所需的目视参考,不得下降至该高度/高以下。

注1:最低下降高度(MDA)是以平均海平面为准,最低下降高((MDH)是以机场标高为基准,如果入口标高在机场标高之下大于 2 m,则以入口标高为基准。盘旋进近的最低下降高以机场标高为基准。

注2:所需目视参考是指驾驶员应该看到目视助航设施的一部分或进近区的一部分,并有充分时间让飞行员评估航空器相对于预定飞行航径的位置和位置变化率。在盘旋进近中,所需的目视参考是跑道周围的物体。

注3:为方便起见,当同时使用两种表示形式时,可以写成"最低下降高度/高",简写为"MDA/H"。

Minimum en-route altitude (MEA). The altitude for an en-route segment that provides adequate reception of relevant navigation facilities and ATS communications, complies with the airspace structure and provides the required obstacle clearance.

最低航路高度(MEA):能足够接收相关导航设施和 ATS 通讯的航路航段高度,并遵守空域结构和提供所需的超障。

Minimum obstacle clearance altitude (MOCA). The minimum altitude for a defined segment that provides the required obstacle clearance.

最低超障高度(MOCA):指定航段可以提供所需超障的最低高度。

Minimum sector altitude (MSA). The lowest altitude which may be used which will provide a minimum clearance of 300 m (1 000 ft) above all objects located in an area contained within a sector of a circle of 46 km (25 NM) radius centred on a significant point, the aerodrome reference point (ARP) or the heliport reference point (HRP).

最低扇区高度(MSA):以一个重要点、机场基准点(ARP),或直升机场基准点((HRP)为中心,半径 46 km(25 NM)的圆形扇区内可以使用的最低高度。这个最低高度在扇区内所有物体之上提供最小 300 m (1 000 ft)的超障余度。

Missed approach point (MAPt). That point in an instrument approach procedure at or before which the prescribed missed approach procedure must be initiated in order to ensure that the minimum obstacle clearance is not infringed.

复飞点(MAPt):仪表进近程序中的一个点,在这个点或之前必须开始规定的复飞程序,以保证不违反最小超障余度。

Missed approach procedure. The procedure to be followed if the approach cannot be continued.

复飞程序:如果不能继续进近应该遵循的飞行程序。

Missed approach turning fix (MATF). A fix different from MAPt that marks a turn in the missed approach segment.

复飞转弯定位点(MATF):一个与 MAPt 不同的点,它标识复飞航段中的转弯。

Mountainous area. An area of changing terrain profile where the changes of terrain elevation exceed 900 m (3 000 ft) within a distance of 18. 5 km (10. 0 NM).

山区:一个地形剖面有起伏的区域,在 18. 5 km(10. 0 NM)内地形标高的变化超过 900m (3 000 ft)。

Obstacle assessment surface (OAS). A defined surface intended for the purpose of determining those obstacles to be considered in the calculation of obstacle clearance altitude/height for a specific APV or precision approach procedure.

障碍物评价面(OAS):一个定义的面,在特定 APV 或精密进近程序中用于超障计算,确定哪些障碍物需要考虑。

Obstacle clearance altitude (OCA) or obstacle clearance height (OCH). The lowest altitude or the lowest height above the elevation of the relevant runway threshold or the aerodrome elevation as applicable, used in establishing compliance with appropriate obstacle clearance criteria.

Note 1. — Obstacle clearance altitude is referenced to mean sea level and obstacle clearance height is referenced to the threshold elevation or in the case of non — precision approach procedures to the aerodrome elevation or the threshold elevation if that is more than 2 m (7 ft) below the aerodrome elevation. An obstacle clearance height for a circling approach operation is referenced to the aerodrome elevation.

Note 2. — For convenience when both expressions are used they may be written in the form "obstacle clearance altitude/height" and abbreviated "OCA/H".

超障高度(OCA)或超障高(OCH)：相关跑道入口标高或机场标高之上的最低高度或最低高，用于按照相关超障标准建立应用。

注1：超障高度是以平均海平面为基准，超障高是以入口标高为基准(非精密进近是以机场标高为基准，如果跑道入口低于机场标高大于2m(7 ft)则以入口标高为基准。盘旋进近运行的超障高是以机场标高为基准)。

注2：如果同时使用两种形式表示，为方便起见可以写作"超障高度/高"，简写为"OCA/H"。

Primary area. A defined area symmetrically disposed about the nominal flight track in which full obstacle clearance is provided. (See also Secondary area.)

主区：一个定义为围绕标称飞行航迹对称设置的保护区，在主区内要提供全额超障余度(也见副区)。

Procedure altitude/height. A specified altitude/height flown operationally at or above the minimum altitude/height and established to accommodate a stabilized descent at a prescribed descent gradient/angle in the intermediate/final approach segment.

程序高度/高：一个在飞行运行上特定的高度/高，它位于或高于最低高度/高，其建立是为包含一个在中间/最后进近航段内按规定下降梯度/角度的稳定下降。

Procedure turn. A manoeuvre in which a turn is made away from a designated track followed by a turn in the opposite direction to permit the aircraft to intercept and proceed along the reciprocal of the designated track.

Note 1. — Procedure turns are designated "left" or "right" according to the direction of the initial turn.

Note 2. — Procedure turns may be designated as being made either in level flight or while descending, according to the circumstances of each individual procedure.

程序转弯：一种机动飞行，先转弯脱离指定航迹，接着向反方向转弯，使航空器能切入并沿指定航迹的反方向飞行。

注1：程序转弯按照起始转弯的方向规定为"左"或"右"转弯。

注2：按照各个程序的情况，程序转弯可以规定为平飞，也可以规定为下降转弯。

Racetrack procedure. A procedure designed to enable the aircraft to reduce altitude during the initial approach segment and/or establish the aircraft inbound when the entry into a reversal procedure is not practical.

直角航线程序：为使航空器在起始进近航段降低高度和/或加入反向程序不可行时使航空器建立入航的程序。

Reference datum height (RDH). The height of the extended glide path or a nominal vertical path at

204

the runway threshold.

基准高（RDH）：下滑航迹或标称垂直航迹延伸至跑道入口处的高。

Required navigation performance（RNP）. A statement of the navigation performance necessary for operation within a defined airspace. Note. — Navigation performance and requirements are defined for a particular RNP type and/or application.

所需导航性能（RNP）：在规定空域内运行所需导航性能的声明。

注：有为特定 RNP 类型和/或应用规定导航性能和要求。

Reversal procedure. A procedure designed to enable aircraft to reverse direction during the initial approach segment of an instrument approach procedure. The sequence may include procedure turns or base turns.

反向程序：在仪表进近程序的起始进近航段，能使航空器转至相反方向的程序。它包括程序转弯或基线转弯。

Satellite—based augmentation system（SBAS）. A wide coverage augmentation system in which the user receives augmentation information from a satellite—based transmitter.

Note. — SBAS performance standards are found in Annex 10, Volume I, Chapter 3.

星基增强系统（SBAS）：一个用户从卫星发射机接收增强信息的覆盖广泛的增强系统

注：SBAS 性能标准在附件 10 第 I 卷，第 3 章。

Secondary area. A defined area on each side of the primary area located along the nominal flight track in which decreasing obstacle clearance is provided. （See also Primary area.）

副区：一个定义在沿标称飞行航迹主区两侧的区域。副区内提供逐渐减小的超降余度（也见主区）。

Segregated parallel operations. Simultaneous operations on parallel or near—parallel instrument runways in which one runway is used exclusively for approaches and the other runway is used exclusively for departures.

隔离平行运行：平行或近似平行仪表跑道同时运行时，一条跑道专门用于进近而另一条跑道专门用于离场。

Significant obstacle. Any natural terrain feature or man—made fixed object，permanent or temporary，which has vertical significance in relation to adjacent and surrounding features and which is considered a potential hazard to the safe passage of aircraft in the type of operation for which the individual procedure is designed.

Note. — The term "significant obstacle" is used in this document solely for the purpose of specifying the objects considered in calculations of relevant elements of the procedure and intended to be presented on an appropriate chart series.

重要障碍物：任何地形、永久的或临时的人工固定物体，对临近或周围特征有垂直意义，并考虑会对执行该类运行设计程序的飞机形成潜在的安全危险。

注：本文件中使用"重要障碍物"术语的目的，只用于确定在程序相关要素计算中需要考虑并应该在航图上标识的物体。

Significant point. A specified geographical location used in defining an ATS route or the flight path of an aircraft and for other navigation and ATS purposes.

Note. — There are three categories of significant points：ground—based navigation aid，intersection and waypoint. In the context of this definition, intersection is a significant point expressed as radials, bearings and/or distances from ground-based navigation aids.

重要点:一个特定的地理位置,用于确定 ATS 航路,或航空器的飞行航径,和用于其他的导航及 ATS 目的。

注:有 3 种类型的重要点:地基导航台、交叉点、航路点。在这些定义中,交叉点类型的重要点可以用距地基导航台的径向线,方位线和/或距离表示。

Standard instrument arrival (STAR). A designated instrument flight rule (IFR) arrival route linking a significant point, normally on an ATS route, with a point from which a published instrument approach procedure can be commenced.

标准仪表进场(STAR):一条指定的仪表飞行规则(IFR)进场航线,它连接一个通常在 ATS 航路上的重要点与一个公布的仪表进近程序可以开始的点。

Standard instrument departure (SID). A designated instrument flight rule (IFR) departure route linking the aerodrome or a specified runway of the aerodrome with a specified significant point, normally on a designated ATS route, at which the en-route phase of a flight commences.

标准仪表离场(SID):一条指定的仪表飞行规则(IFR)离场航线,它连接机场或机场某条跑道与一个规定的重要点。这个重要点通常在指定的 ATS 航路上,它是航路阶段飞行的开始。

Terminal arrival altitude (TAA). The lowest altitude that will provide a minimum clearance of 300 m (1 000 ft) above all objects located in an arc of a circle defined by a 46 km (25 NM) radius centred on the initial approach fix (IAF), or where there is no IAF on the intermediate approach fix (IF), delimited by straight lines joining the extremity of the arc to the IF. The combined TAAs associated with an approach procedure shall account for an area of 360 degrees around the IF.

终端进场高度(TAA):在以起始进近定位点(IAF)为圆心,46 km (25 NM)为半径的圆弧内所有物体之上提供 300 m (1 000 ft)最小超障余度的最低高度。如果没有起始进近定位点,则以中间进近定位点(IF)为圆心,圆弧末端与 IF 的连线为边界。一个程序的联合 TAA 必须是一个以 IF 为中心的 360°区域。

Threshold (THR). The beginning of that portion of the runway usable for landing.

入口(THR):跑道可以开始用于着陆的部分。

Track. The projection on the earth's surface of the path of an aircraft, the direction of which path at any point is usually expressed in degrees from North (true, magnetic or grid).

航迹:航空器的航径在地球表面上的投影,这条航径上任何点的方向,通常以距北端的角度来表示(真北、磁北、网格北)。

Vertical path angle (VPA). Angle of the published final approach descent in Baro-VNAV procedures.

垂直航径角(VPA):气压-VNAV 程序中公布的最后进近下降角度。

Visual manoeuvring (circling) area. The area in which obstacle clearance should be taken into consideration for aircraft carrying out a circling approach.

目视机动(盘旋)区:航空器进行盘旋进近应该考虑超障余度的区域。

Waypoint. A specified geographical location used to define an area navigation route or the flight path of an aircraft employing area navigation. Waypoints are identified as either: Flyby waypoint. A waypoint which requires turn anticipation to allow tangential interception of the next segment of a route or procedure；or Flyover waypoint. A waypoint at which a turn is initiated in order to join the next segment of a route or procedure.

航路点：一个规定的地理位置,用以定义一条区域导航航路,或使用区域导航航空器的飞行航迹。航路点的标识分为：

旁切航路点(Fly-by waypoint)：一个要求提前转弯的航路点,允许以切线的形式切入航路或程序的下一航段。

越航路点(Flyover waypoint)：转弯开始于该点的航路点,以加入航路或程序的下一航段。

(二)缩略语

AIP 航行资料汇编(Aeronautical Information Publication)

AMSL 高于平均海平面的高度(Above Mean Sea Level)

ANP 实际导航性能(Actual Navigation Performance)

AOB 转弯坡度(Angle of Bank)

APV 有垂直引导的进近程序(Approach Procedures with Vertical guidance)

ARP 机场基准点(Aerodrome Reference Point)

ATT 沿航迹容差(Along—Track Tolerance)

AZM 方位(Azimuth)

BV 缓冲值(Buffer Value)

CAT 分类(Category)

CDFA 连续下降最后进近(Continuous Descent Final Approach)

C/L 中线(Center Line)

COP 转换点(Change—Over Point)

CRM 碰撞风险模型(Collision Risk Model)

DA/H 决断高度/高(Decision Altitude/Height)

DER 跑道的起飞末端(Departure End of the Runway)

Direct—VS 直接目视航段(Direct Visual Segment)

DME 测距仪(Distance Measuring Equipment)

DP 下降点(Descent Point)

DR 推测航迹(Dead Reckoning)

FAF 最后进近定位点(Final Approach Fix)

FAP 最后进近点(Final Approach Point)

FAS 最后进近航段(Final Approach Segment)

FL 飞行高度层(Flight Level)

FMC 飞行管理计算机(Flight Management Computer)

FMS 飞行管理系统(Flight Management System)

FPAP 飞行航径对正点(Flight Path Alignment Point)

FTE 飞行技术误差(Flight Technical Error)

FTP 假想入口(Fictitious Threshold Point)

FTT 飞行技术容差(Flight Technical Tolerance)

FL 飞行高度层(Flight Level)

GBAS 陆基增强系统(Ground－Based Augmentation System)

GLS GBAS 着陆系统(GBAS Landing System)

GNSS 全球导航卫星系统(Global Navigation Satellite System)

GP 下滑道(Glide Path)

GPA 下滑角度(Glide Path Angle)

GPWS 近地警告系统(Ground Proximity Warning System)

HL 高度损失(Height Loss)

IAC 仪表进近图(Instrument Approach Chart)

IAF 起始进近定位点(Initial Approach Fix)

IAP 仪表进近程序(Instrument Approach Procedure)

IAS 指示空速(Indicated Airspeed)

IF 中间进近定位点(Intermediate approach Fix)

IFP 仪表飞行程序(Instrument Flight Procedure)

IFR 仪表飞行规则(Instrument Flight Rule)

ILS 仪表着陆系统(Instrument Landing System)

IMAL 完整性监视告警(Integrity Monitor Alarm)

IMC 仪表气象条件(Instrument Meteorological Conditions)

ISA 国际标准大气(International Standard Atmosphere)

LOC 航向台(Localizer)

LTP 着陆入口点(Landing Threshold Point)

MAHF 复飞等待点(Missed Approach Holding Fix)

MAPt 复飞点(Missed Approach Point)

MATF 复飞转弯定位点(Missed Approach Turning Fix)

MDA/H 最低下降高度/高(Minimum Descent Altitude/Height)

MLS 微波着陆系统(Microwave Landing System)

MM 中指点标(Middle Marker)

MOC 最小超障余度(Minimum Obstacle Clearance)

MOCA 最低超障高度(Minimum Obstacle Clearance Altitude)

MSA 最低扇区高度(Minimum Sector Altitude)

MSD 最小稳定距离(Minimum Stabilization Distance)

MSL 平均海平面(Mean Sea Level)

NDB 无方向性信标(Non－Directional Beacon)

NM 海里(Nautical Mile)

NPA 非精密进近(Non－Precision Approach)

OAS 障碍物评价面(Obstacle Assessment Surface)

OCA/H 超障高度/高（Obstacle Clearance Altitude /Height)

OCA/Hfm 最后进近和直线复飞超障高度/高（OCA/H for the final approach and straight missed approach)

OCA/HPS 精密航段的超障高度/高（OCA/H for the precision Segment)

OCS 超障面（Obstacle Clearance Surface）

OFZ 无障区（Obstacle Free Zone）

OIS 障碍物鉴别面（Obstacle Identification Surface）

OLS 障碍物限制面（Obstacle Limitation Surface）

OM 外指点标（Outer Marker）

PA 精密进近（Precision Approach）

PAPI 精密进近航道指示器（Precision Approach Path Indication）

PAR 精密进近雷达（Precision Approach Radar）

PBN 基于性能的导航（Performance－Based Navigation）

PDG 程序设计梯度（Procedure Design Gradient）

R 转弯率（Rate of turn）

RAIM 接收机自主完整性监视（Receiver Autonomous Integrity Monitoring）

RDH 基准高（用于 APV 和 PA）（Reference Datum Height）

RNAV 区域导航（Area Navigation）

RNP 要求的导航性能（Required Navigation Performance）

RSR 航路监视雷达（En－route Surveillance Radar）

RSS 平方和根（Root Sum Square）

SARPs 标准和建议措施（Standards and Recommended Practices）（ICAO）

SBAS 星基增强系统（Satellite－Based Augmentation System）

SDF 梯级下降定位点（Step Down Fix）

SID 标准仪表离场（Standard Instrument Departure）

SOC 开始爬升（Start of Climb）

STAR 标准仪表进场（Standard Instrument Arrival）

TAA 终端区进场高度（Terminal Arrival Altitude）

TA/H 转弯高度/高（Turn Altitude/Height）

TAR 终端区监视雷达（Terminal Area Surveillance radar）

TAS 真空速（True Airspeed）

TCH 穿越跑道入口高（Threshold Crossing Height）

THR 入口（Threshold）

TMA 终端管制区（Terminal control Area）

TP 转弯点（Turning Point）

TSE 总系统误差（Total System Error）

VASIS 目视进近坡度指示系统（Visual Approach Slope Indicator System）

VEB 垂直误差分布（Vertical Error Budget）

VHF 甚高频（Very High Frequency ）

VOR 甚高频全向信标（Very high frequency Omnidirectional Radio range）

VPA 垂直航径角（Vertical Path Angle）

VS 目视航段（Visual Segment）

VSDA 目视航段下降角度（Visual Segment Descent Angle）

VSS 目视航段面（Visual Segment Surface）

WD 航路点距离（Waypoint Distance）

WGS 世界大地坐标系（World Geodetic System）

XTT 偏航容差（Cross－Track Tolerance）

二、本书常用英美制单位与国际单位制单位的换算关系

1 ft＝0.304 8 m

1 m＝3.281 ft

1 mile＝1.609 km

1 n mile＝1.852 km

1 n mile/h＝1.852 km/h

参 考 文 献

[1] 国际民航组织文件8168—OPS/611(中国民航局译).空中航行服务程序——航空器运行(第一卷)飞行程序(第六版).北京,2014.

[2] 国际民航组织文件8168—OPS/611(中国民航局译).空中航行服务程序——航空器运行(第二卷)目视和仪表飞行程序设计(第六版).北京,2014.

[3] 国际民航组织文件9365—AN/910(中国民航局译).全天候运行手册(第二版).北京,2006.

[4] 国际民用航空公约(附件15)(中国民航局译).国际标准和建议措施——航行情报服务(第十版).北京,2006.

[5] 中国民用航空局AC-97-FS-2011-01,民用航空.机场运行最低标准制定与实施准则.北京,2011.

[6] 中国民用航空局.航空资料汇编(AIP).北京,2015.

[7] 莫能逊.仪表飞行程序.广汉:中国民航飞行专科学校,1984.

[8] 张焕.空中领航[M].成都:西南交通大学出版社,2003.

[9] INTERNATIONAL CIVIL AVIATION ORGANIZATION (ICAO). Doc 8168—OPS/611—Volume 1 PROCEDURE FOR AIR NAVIGATION SERVICES——AIRCRAFT OPERATION (Volume 1) FLIGHT PROCEDURES (SIXTH EDITION). CANADA,2014.

[10] INTERNATIONAL CIVIL AVIATION ORGANIZATION (ICAO). Doc 8168—OPS/611—Volume Ⅱ PROCEDURE FOR AIR NAVIGATION SERVICES——AIRCRAFT OPERATION (Volume Ⅱ) CONSTRUCTION OF VISUAL AND INSTRUMENT FLIGHT PROCEDURES (SIXTH EDITION). CANADA,2014.

[11] INTERNATIONAL CIVIL AVIATION ORGANIZATION (ICAO). Doc 9371—AN/912/2 Template Mannaul for Holding,Reversal and Racetrack Procedures (SECOND EDITION). CANADA,1986.

[12] INTERNATIONAL CIVIL AVIATION ORGANIZATION (ICAO). INTERNATIONAL STANDARDS AND RECOMMENDED PRACTICES,ANNEX 4,AERONAUTICAL CHARTS(TENTH EDITION). CANADA,2006.

[13] INTERNATIONAL CIVIL AVIATION ORGANIZATION (ICAO). INTERNATIONAL STANDARDS AND RECOMMENDED PRACTICES,ANNEX 6,OPERATION OF AIRCRAFT(TENTH EDITION). CANADA,2006.

[14] INTERNATIONAL CIVIL AVIATION ORGANIZATION (ICAO). INTERNATIONAL STANDARDS AND RECOMMENDED PRACTICES,ANNEX 14,AERODROMES(SECOND EDITION). CANADA,2006.

[15] INTERNATIONAL CIVIL AVIATION ORGANIZATION (ICAO). INTERNATIONAL STANDARDS AND RECOMMENDED PRACTICES,ANNEX 15,AERONAUTICAL INFORMATION SERVICES(TENTH EDITION). CANADA,2006.